發現問題思考法

突破已知框架，打開未知領域，升級你的思考維度

問題解決のジレンマ

イグノランスマネジメント：無知の力

細谷功
Hosoya Isao

程亮・譯

前言

一生留下近四十本著作的管理學大師杜拉克（Peter Drucker）在逝世的前兩年左右（二〇〇四年初），曾接受美國《財富》（Fortune）雜誌的採訪，記者問他：「假如有您還沒有寫的主題，會是什麼？」杜拉克答道：「是無知的管理。要是早寫出來，大概已經成為我的最高傑作了吧。」

無知的管理……對經營學早已瞭如指掌，預見了「知識社會」和「知識工作者」的杜拉克，在人生的最後階段究竟想告訴我們什麼？

說起無知，距今兩千多年，蘇格拉底曾提出「無知之知（自知無知）」這個非常著名的概念。當時，蘇格拉底聽說德爾菲神廟有一個神諭，稱「蘇格拉底是最有智慧的人」，可是他自己卻「完全不曉得為什麼」，於是他便與眾多「智者」交談，最後得出一個結論——自己與他們的不同之處在於「我知道『自己是多麼無知』」。這便是「無知之知」的由來。

奇妙的是，「經營學之父」和「哲學之父」摸索到最後的終點都是「無知」。也就是說，「無知」是孕育新智慧最重要的關鍵字。

這聽起來有點像問禪。「知識淵博」為好，「無知」為不好——這是世間「最基礎的常識」，但本書反而挑戰這個價值觀，在探究「杜拉克和蘇格拉底究竟想告訴我們什麼」的同時，也試著對實際用來發現問題的思維方法論進行解釋。

「無知、未知」與解決問題的困境

「請寫下你對『租庸調法』的認識。」

這是一九〇八年日本舊制第一高中（現日本東京大學教養學部）的入學試題。這個題目對考生的「填鴨式知識量」有著極高的要求。

如今，這樣的問題已經完全不適合用來甄選人才了，因為如果只是單純地比較「知識量」，人類是敵不過電腦的。

ＩＢＭ的人工智慧「華生（Watson）」，曾在美國最受歡迎的益智問答節目《危險邊緣》（Jeopardy）中戰勝人類冠軍。從人工智慧擊敗國際西洋棋世界冠軍開始，電腦已經逐漸在各種智力活動中凌駕於人類之上。「靠知識量取勝」和「解決既有問題」已不再是人類該努力的方向。

現階段，人類應該把努力的方向轉換至（廣義的）解決問題上，也就是發現並定義沒人察覺到的新問題這個「上游部分」。在商業、教育等多種領域，均要求這種「從下游到上游」的需求轉換。

以商業而言，所有業界一致要求員工以「發現問題型」的方式工作，也就是說要能夠主動發現顧客的潛在需求，而不是被動應付顧客的交易需求；不是在其他公司後面苦苦追趕，而是創造出業界前所未有的革命性商品或服務；不是單純提供個別商品或服務，而是從需求中挖掘出顧客的根本需求並提出方案。用河流來比喻，就是不要在下游靜靜等待順流而下的獵物落網，而是應該站在險峻的上游，即便需要在岩石間反覆搜尋，也要找出隱藏於其間的獵物。

這裡的問題在於，「下游」和「上游」不僅各自所需的著眼點不同，各自要求的工作價值觀和技能也不相同，有時甚至完全相反。也就是說，擅長（狹義的）解決既有問題的人不擅長發現問題，反之亦然。這便是本書所要講的重點——「解決問題的困境」。

如今，社會、公司、學校所提倡的價值觀幾乎已統統被最佳化為「下游的價值觀」。因此，我們現在需要逆流而上，翻轉價值觀，將必要的思路轉換至「上游」。

「上游」所需要的思維方式，不是拘泥於舊有成見的思維，而是發揮「想像力」和「創造力」來開拓新世界。換句話說，就是要將人類的「思考」能力完全發揮出來，僅此而已。為此，我們不能把知識當成「存量」來用，而必須將其視作「流量」來活學活用。這就要求我們必須轉換價值觀，著眼於「無知」和「未知」，而非積存知識。

「困境」的機制和解決方法

那麼，這種「困境」是由怎樣的機制（mechanism）產生，又需要如何解決呢？本書將以「無知、未知」為線索，從兩個角度分析。

第一個角度是將無知、未知「當作『知』的對立概念」來分析。「知」有時會成為阻礙新發現的重要因素，所以本書會將重點放在重新認識既有的「知」的這個概念上，也就是著眼於「無知的優點」上。

另一個是從「無知之知」這個角度來分析。蘇格拉底所提倡的重點不在於「無知本身」，而在於「無知的無知」（不知道自己無知）這種「後設層級（meta-level）」的無知。

正如前文所述，解決既有問題這個（狹義的）「解決問題」，與發現新問題這個「上游」的「發現問題」，兩者所要求的思路和價值觀剛好相反。然而到目前為止，極度受到重視的卻是（狹義的）「解決問題型」思路。本書將徹底對照和比較兩者，闡明如何活用無知來消除「困境」的思路。其核心便是「從知到無知的視角轉換」，以及與此相關的三組關鍵字——「從存量到流量」「從封閉體系到開放體系」「從固定維度到可變維度」。

本書會以「螞蟻和蟋蟀」作為比喻，來比較上述三種視角的思路，嘗試從「無知」的觀點出發，驗證一直被人們視為理所當然的「螞蟻是好，蟋蟀是不好」的價值觀，同時展開新的討論。

此外，為了發現問題和定義問題，本書還提出「後設層級」這個跨越維度的高維度思考法，作為活用「無知」和「無知之知」的具體思考法。

就像這樣，本書將為大家介紹解決「困境」的方法，也就是著眼於無知和未知，然後從中發現新問題和創造新視角的思考法。

杜拉克在其一九九四年的著作《後資本主義社會》中，對「知識提高生產力」做了以下的論述，可供參考。

「偉大的英國小說家福斯特（E.M.Foster，一八七九～一九七〇年）提倡『聯結』的概念。（中略）聯結所需要的，是用來定義問題的方法論，其重要程度甚至超過當今主流之解決問題的方法論。（中略）需要『未知事物的系統化』（Organizing Ignorance）。事實上，這也是我從四十年前便已開始寫的書的標題，但至今仍未完成。」

這裡的「定義問題」，接近本書所說的「發現問題」。而從這段話中，也能看出杜拉克一生的問題意識。

本書全貌

本書大致上由四個部分構成。

PART1是對「未知的未知」加以闡述，同時提出本書對於「知」和「無知、未知」的定義框架。

PART2是針對「『解決問題』的困境」，透過對比「河的上游和下游」，闡釋「解決問題與發現問題的思路差異」，在何種場合需要何種思路，它們之間存在怎樣的結構性矛盾，也就是存在怎樣的「困境」，以及「為什麼」會出現這種困境。發

本書的結構和整體概要

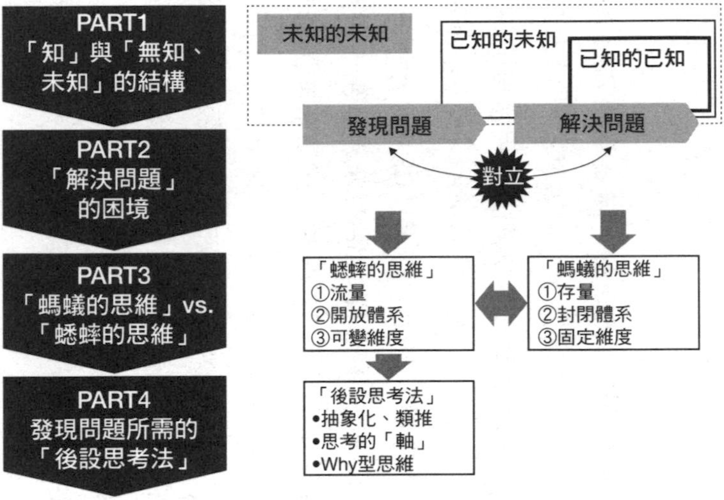

現問題居於解決問題的上游，但兩者之間並非一路暢通，而是存在不連續的裂縫。很多時候，人們正是因為沒有察覺到這一點，才難以發現問題。世人往往被「解決問題型」的價值觀所支配，本書會在這個部分提及該現象的原因，並探求困境的解決辦法。

PART3是透過「螞蟻和蟋蟀」的類推，明確對比兩種思路，思考兩者的對立結構和「共存共榮」的方向性，同時指出基於「奇異點」的發現問題和用以預測未來的著眼點。任何領域均存在螞蟻思維的人和蟋蟀思維的人，關鍵在於理解這兩種思路的機制，根據不同的場合加以區分，各盡其用。

最後的PART4是講解三種後設層級，突破障礙的後設思考法，也就是為了能夠像蟋蟀那樣「跳躍思考」，「用來發現問題的後設思考法」。

這裡的關鍵字是「上位概念」和「後設視角」。本書將透過三種上位概念的用法，講解螞蟻思路與蟋蟀思路的差異，也就是講解「只用下位概念思考，或是配合上位概念思考」的差異，將可以產生具體創意的思考方法介紹給讀者。

本書是直接舉出「無知」「知」等抽象概念，尤其在PART1、2中的論述非常抽象，部分讀者可能會感到難以理解。若出現這種情況，建議讀者可以先掌握PART1、2的「重點」即可，從相對容易理解的PART3開始讀起，然後再回頭去讀PART1、2。

希望讀者能理解「用來發現新問題之思路」的機制，並注意到「無知、未知」及「上位概念」「後設視角」。只要讀者能產生可以打破舊有「常識與障礙」的創意，朝向新領域不斷躍進，本書就算達成目標了。

二〇一五年三月
細谷　功

目錄

PART2

「解決問題」的困境

能「解決問題」的人不能「發現問題」

PART3 「螞蟻的思維」VS.「蟋蟀的思維」

從解決問題到發現問題

PART4
發現問題所需的「後設思考法」
提升維度發現問題

「知」與「無知、未知」

闡明其結構

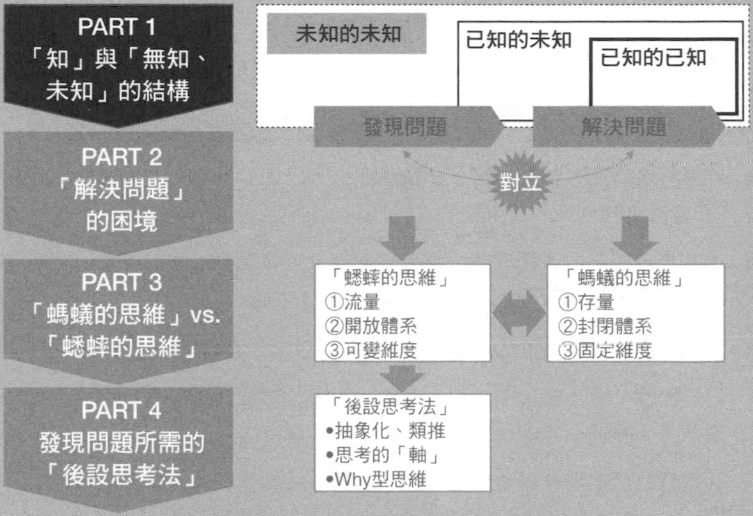
PART 1
「知」與「無知、未知」的結構
PART 2
「解決問題」的困境
PART 3
「螞蟻的思維」vs.「蟋蟀的思維」
PART 4
發現問題所需的「後設思考法」
未知的未知
已知的未知
已知的已知
發現問題
解決問題
對立
「蟋蟀的思維」
①流量
②開放體系
③可變維度
「螞蟻的思維」
①存量
②封閉體系
③固定維度
「後設思考法」
•抽象化、類推
•思考的「軸」
•Why型思維

PART 1的整體概念圖

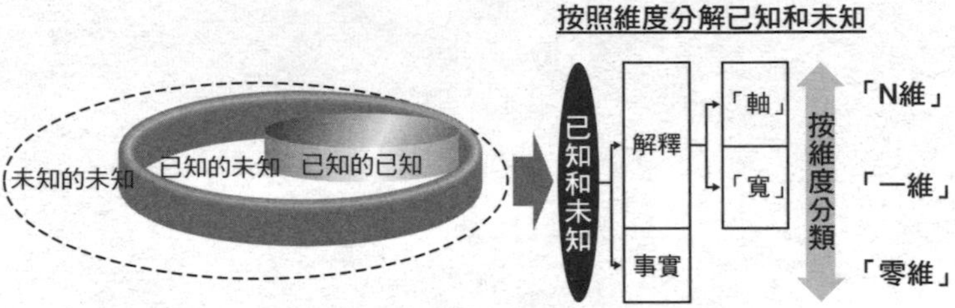

已知、未知的框架

PART 1的重點

- 思考時要將知的世界分成「三個領域」：「已知的已知」「已知的未知」「未知的未知」。
- 尤其重要的是，要把未知的領域一分為二，意識到「不知道自己不知道」＝「未知的未知」這一領域的存在。
- 「知」是「事實和解釋的集合體」，知識即可定義為該集合體的快照。
- 以「維度」來理解「知」和「無知、未知」的世界，在思考時，大致將其分成事實（零維）、寬（一維）和軸（N 維）。
- 活用蘇格拉底和杜拉克所提倡的「無知」的兩種視角，有助於發現問題。

在PART1中，我嘗試對發現問題所必需的「無知、未知」做結構化處理，將這個發現問題所需的框架提示出來，進而透過與「知（識）」的比較，從多個角度切入，整理和講解無從捉摸的「無知、未知」。

在（狹義的）解決問題階段，也可說是「知識是一切原點」的階段，為了把「已知的未知」變成「已知」，因此將固定變數最佳化，或者「給固定的空白輪廓上色」就非常重要，為了達成此目的，需要靈活運用已經具有一定程度系統化的知識。

相對於此，在發現問題的階段，模糊性和不確定性大幅上升，此時要求的是「找出變數」，所以需要在運用既有知識的基礎上發揮新的創意，為了達成這個目的，著眼於「無知、未知」就變得相當關鍵。

那麼，具體來說，著眼於「無知、未知」到底代表著什麼意義呢？本應無所不能的知（識）為何有時反而會變成負面因素？無知和未知何以能成為正面因素？下面我們就來一起尋找這些問題的答案吧。

1.1 「不知道自己不知道」＝「未知的未知」的盲點

「根本沒意識到自己不知道」跟「無知、未知」有何意義？讓我們先來找出需要著眼於此的動機。

首先，作為全書的前言，這裡會利用簡單的練習和常見的例子，和大家分享把視角從「知（識）」拓展至「無知、未知」的過程。

● 你能舉出幾個「便利商店裡沒賣的東西」？

請準備好紙筆，實際動手嘗試解答以下問題。兩個問題為一組，限時一分鐘，請盡量列舉，能舉出愈多愈好。

【問題①】「請舉出便利商店裡有賣的東西」(限時一分鐘)。

下一個問題。

【問題②】「請舉出便利商店裡沒賣的東西」(限時一分鐘)。

那麼,你舉出了哪些東西?有多少個?

其實稍微思考一下就會發現,回答這兩個問題需要「不同的思路」。

比較簡單的是問題①「請舉出便利商店裡有賣的東西」這一題。想必九成以上的讀者都會想起自己常去的便利商店,然後從貨架的一端開始依序「瀏覽」,同時舉出這些商品:「飯糰、便當、微波食品、飲料……」如果姑且不論用語的「精準度」(例如具體的飯糰口味等),大家舉出的商品應該都會像這樣吧。

這種思考方式,和我們仰賴「既有知識和經驗」來思考創意時的「用腦方法」是一樣的,也就是從既有知識和經驗的「大腦貨架」中,慢慢開始「瀏覽」,從中找出既有的東西。在這種情況下,思路的個別差異非常少(大家的想法都一樣)。

那麼,「沒賣的東西」這個問題又如何呢?這個問題不同於前者,思路和答案因人而異，各有不同，能夠真正呈現出個人的「頭腦靈活度」。

首先，無法擺脫「既有知識和經驗」的人，會想起與便利商店類似的其他商店，例如百貨公司、大賣場等，然後仍舊在「貨架」上瀏覽商品，如錢包、包包、鞋子、服裝、寢具、冰箱、手機等。也就是只有改變了「貨架種類」，其他思路還是跟前一個問題時完全一樣。

頭腦再靈活一點的人，會擴大範圍，想到與便利商店差異較大的商店，例如各種興趣嗜好的專賣店，然後在這類商店的「貨架」上瀏覽商品，例如「自行車、釣竿、高爾夫球、滑雪板、小提琴……」然而，這種思路仍然沒有脫離「知識和經驗」的範疇。

頭腦更靈活的人，可能會想到「大的物件」（汽車、房屋）或「奢侈品」（珠寶、名牌手錶），甚至還可能想到下面這樣的答案：

- （不屬於產品的）「服務」（清潔、諮詢……）
- 「生物」（狗、蛇、獨角仙……）
- 「無形之物」（電、瓦斯、空氣……）

圖1-1　「便利商店裡沒賣的東西」的範圍延伸

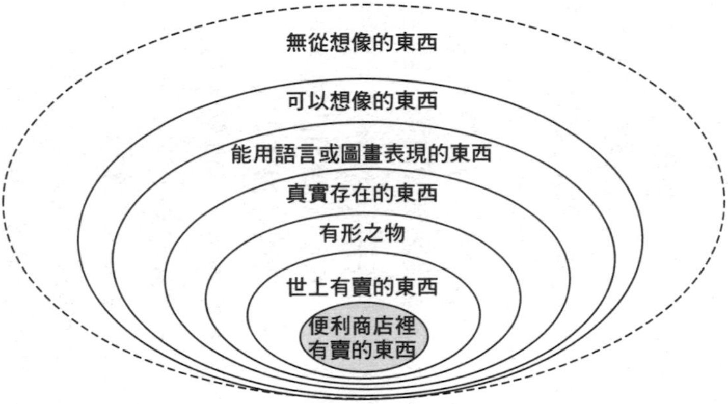

- 「超巨大或超昂貴的東西」（銀河系、非洲的星星……）
- 「以前有但現在沒有的東西」（平安時代的空氣……）
- 「本來就不是商品的東西」（愛、人行道……）
- 「世上根本不存在的東西」（永動機、時光機……）等。

「便利商店裡沒賣的東西」其實是無限多，如圖1-1所示。（這只是其中一例，如果從其他層面來看，還能夠以各種切入點，進行不同延伸）。

這樣一來，還可以想到仙女座星系、宿醉、助動詞、希格斯粒子、邪馬台國、跳蚤的心臟、長生不老藥……倘若進一步發揮想像力，還有迪士尼樂園的百年免費門票、無人能解的微積分、青春的苦澀回憶、跟源賴朝的握手券、奔跑時速高達兩百公里的蟋蟀……可說是無窮無盡。

總而言之，包括荒誕無稽的事物在內，「沒賣的東西」可說「不勝枚舉」。然而我們聽到這樣的創意時，卻常會做出「這樣也行？」的反應。這正是一種受到舊有觀念束縛的「墨守成規」狀態。

雖然回答這個問題只需要一分鐘，卻能輕易檢驗出讀者的思維之環可以延伸多遠（視野能延伸多遠），這就是「頭腦的靈活度」。

不僅如此，從這個導入的練習中，還可以得知幾個與「知（識）」「無知、未知」相關的啟發。

- 運用既有的知識和資訊，可以更快更容易獲得創意。
- 這種想出創意的方式，幾乎大家都一樣，不會因人而異。
- 既有的知識和資訊具有「向心力」（知道得愈多，愈難擺脫）。
- 無法輕易意識到「自己根本沒察覺到自己不知道」。

・嶄新的創意是指「乍看很蠢」「引人發笑」的想法。

此外，透過這個導入練習，還能獲得與產生想法有關的各種意識（察覺）。關於這部分，會在本書的各章節再做講解。

●倫斯斐所說的「未知的未知」

經過上一節的「便利商店練習題」，本節將針對「未知的未知」這個「連自己不知道都不知道」的領域，重新思考它與「知（識）」的相對關係。

說起「無知、未知」，有一段話值得注意。二〇〇二年二月十二日，時任美國國防部長的倫斯斐（Donald Rumsfeld）在記者會上被問及「伊拉克政府向持有大規模殺傷力武器的恐怖分子提供援助的這一說法有何證據」時，他給出了聞名全美的回答。

「首先存在知道自己知道的『已知的已知』（known knowns），然後存在知道自己不知道的『已知的未知』（known unknowns），另外還存在不知道自己不知道的

圖1-2　倫斯斐的「已知」「未知」三個分類

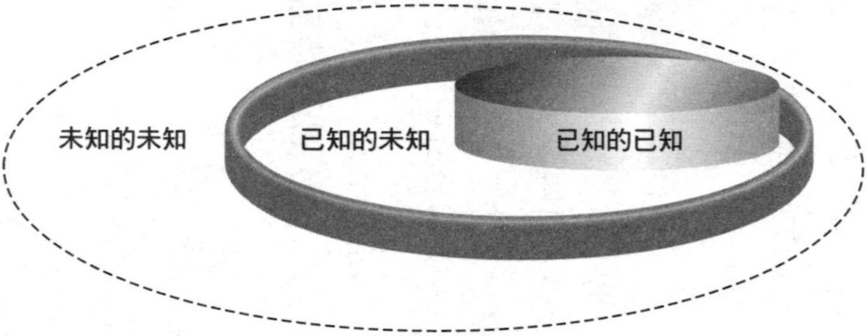

「未知的未知」（unknown unknowns）。」

（There are known knowns; there are things we know we know. We also know there are known unknowns; that is to say we know there are some things we do not know. But there are also unknown unknowns-the ones we don't know we don't know.）

這裡尤其值得注意的是，未知分成了兩類，在「已知的未知」外側還存在「未知的未知」（圖1-2）。這使我們重新意識到一件理所當然的事，著眼於「連不知道都不知道」的這個領域，正是開拓知的世界的第一步。

無論個人還是企業等組織，通常存在一種誤解和主觀，那就是以為「第二個環」的內側——「已知的未知」和「已知的已知」——

圖1-3　關於「三個環」的誤解和實際狀態

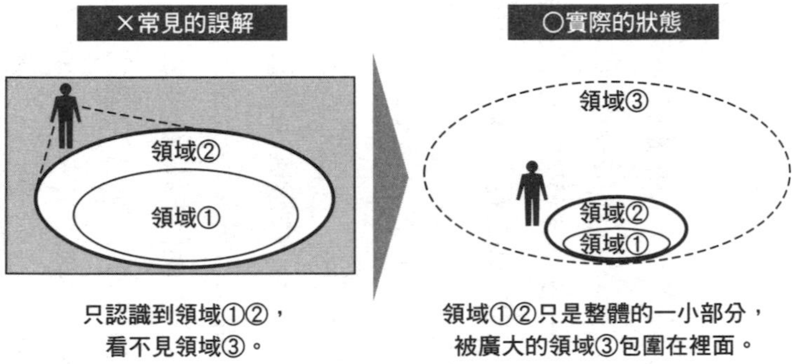
×常見的誤解
領域②
領域①
只認識到領域①②，
看不見領域③。
○實際的狀態
領域③
領域②
領域①
領域①②只是整體的一小部分，
被廣大的領域③包圍在裡面。

就是「整個世界」。人們很容易忘記一個至理，那就是人類的未知遠遠超過（足有天文數字般的差距）已知。

正如圖1-3所示，從內向外的第一、二個環，其實只是我們所處世界的一小部分（如同宇宙空間中的地球）。也可以說，深刻地認識到這一點是發現問題的基本前提。為了方便表現，「第三個環」也用虛線畫了出來，但實際上它應該是無限大，是不停膨脹的，完全可以代表「宇宙的盡頭」。

這種體驗與「便利商店的導入練習題」類似。「便利商店裡沒賣的東西」其實存在無限的可能性，但我們會在不知不覺間被「世界上有賣的東西」的領域，也就是「知道世界上有賣但便利商店裡沒賣」的這個領域束縛，至於其外側那個無限大的領域，則甚至連想都不會去想。

除此之外還有不少這樣的例子。後文還會提到，我們會被這個「外側的環」以各種形態「包圍住」，很難發現它的存在。這點剛好也和「無知之知」的重要性有關。

例如在風險管理的世界裡，人們會設想可能發生的風險並思考適合的處理辦法。但實際上，所謂的風險（可能發生哪些事）已經屬於「已知的未知」。

而真正應該考慮的是「甚至無法設想的事」，也就是「未知的未知」。「出乎預料」這個詞有兩層含義，一是「未知的未知必然存在，所以就算出乎意料的事發生也很正常」；二是對於「未知的未知」這一領域毫無預料。對於風險管理而言，後者是很糟糕的狀況，這正是「對未知的未知連想都沒想過」的典型。

舉個例子，譬如使用網路搜尋引擎搜尋資料時，我們往往會陷入一種錯覺，以為任何未知的資訊都能搜索出來，但實際上，當你為了搜尋而輸入「關鍵字」的那一瞬間，搜索出來的結果就已經無法脫離「知道自己不知道」的這個領域，而真正的「連不知道都不知道」，則是處在更外側無限延伸的那個「連關鍵字也想不出來」的領域才對。

●「常識」是一道位於「已知的未知」外側的牆

再把「三個領域」延伸到商業中的顧客範圍來看。既有顧客處於最內側的環裡；而被視為現有市場的目標顧客，也就是「知道有可能會購買，但還沒買」的顧客處於第二個環裡；至於目前甚至還沒有被設想為顧客的人，即所謂「未開發」的顧客，處於第三個環裡。

杜拉克曾經說過：「商業就是開發顧客。」身處穩定業種的人，總是容易開口閉口說「有市場或沒有市場」，這恰好體現了局限於「第二個環」內側的思路。杜拉克的那句話，可說是很清楚地表達了一種精神，就是要著眼於第二個環的外側。

世間所謂的「常識」也正是如此。位於「已知的未知」外側的牆，它的名字也可說就是常識。在這種情況下，世間「非常識的」行為和現象，並非可以實際看到，但就算能親眼見到那樣的「事實」，人們仍會築起一道名為「常識」的隱形牆壁，並在牆上安裝過濾器，把牆外的「非常識（非常理）」領域排除在外，認為那不值得思考。即使能夠親眼見到，也會變得無法看到。

世間所謂的常識，終歸是虛幻的東西，會因時間、場合、地點而改變。昨天的常識可能變成明天的非常識，這個業種的常識可能是其他業種的非常識。畫地自限的事物觀，反而會看不見重要的東西。也就是說，我們不僅會陷入無知的狀態，更會陷入沒意識到自己正處於這種「無知的無知」的狀態。

舉個身邊常見的例子來說，比如在職場上，上司叫下屬「拿出更有新意的創意！」可是一旦下屬提出「真正有新意」的創意時，上司總會給出「其他公司也在做這個方案吧？」「這個構想走得太前面了」之類的評語。這其中的結構，也可用上述的「三個環」來加以說明。

上司所說的「有新意」，「雖然是在第一個環的外側，但還是在第二個環的內側」，而且恐怕連上司本人也沒意識到這個結構的存在。下屬提出的創意，處在（對於上司而言）「第二個環的外側」，如果提出的創意「有新意」到如此程度，往往會遭到上司否定。

此外，「三個領域」是因人而異的。對某些人而言屬於「已知的未知」的領域，對其他人而言，有時候就可能是「未知的未知」。

我們即使在無意識中談到未知的領域，也往往是在談論「已知的未知」，對於連不知道都沒有察覺到的「未知的未知」領域，則大都不會意識到。

在本書中，基於「無知之知」（意識到「未知的未知」）的思考，稱為「開放性思考」。相對地，處於沒有意識到「未知的未知」這個「無知的無知（不自知無知）」狀態下的思考，稱為「封閉性思考」。

如何才能有意識地察覺到「未知的未知」，然後實際根據「開放性思考」方式進行思考，並加以運用呢？我們先來思考一下本書的「知」和「知識」指的是什麼吧。

1.2 「知」是「事實和解釋的組合」

在思考「無知」和「未知」之前，我們先來釐清，本書對「無知、未知」的對立概念，也就是對「知（識）」的定義是什麼？「知（識）」是我們平時不假思索就拿來使用的詞彙，每個人對其定義的理解大概是五花八門吧。「什麼是知（識）？」若是真正探究起來，這是一個十分深奧的課題。本書考慮到實用意義，以及與「無知」的關聯性，或是與書中提及的資訊、思考法的關聯性，將「知（識）」簡單定義如下。

- 「知」是事實和解釋的集合體。
- 「知識」是可再利用的「知」。

圖1-4　事實只有一個，解釋因人而異。

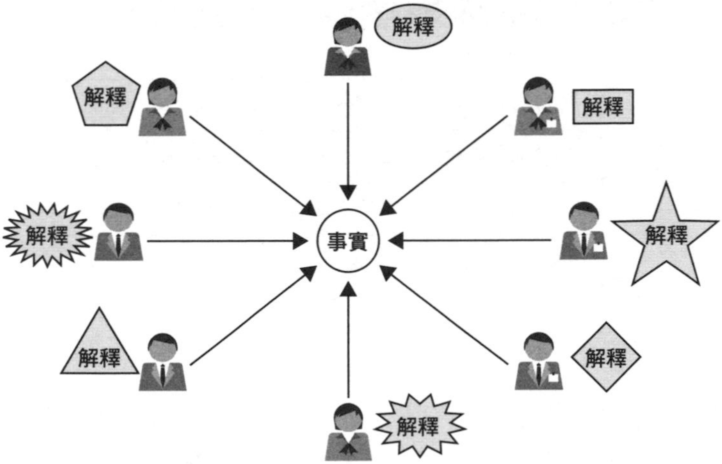

● 什麼是「事實」，什麼是「解釋」？

我們先來釐清「事實」和「解釋」的關係。首先，事實和解釋的關聯性如圖1-4所示。

人類為了獲得「知」，會以模式化的形式表現自己認識和理解到的狀況。像是自然界中存在的物體、現象，或是各種實際存在的事實（像是「××做了○○」），不會因人而異的狀況，本書將其定義為「事實」。反之，可能因人或時代而變的狀況，本書將其定義為「解釋」。「事實」通常有實體，一般可以「透過五感感受

圖1-5　事實與解釋的比較

事實	解釋
不因人而異	因人而異
不隨時間改變	隨時間改變
不會過時老化	會過時老化
中立的	可能是毒藥也可能是良藥
無「維度」	有「維度」

到」，或者至少也能用語言表述。相對地，「解釋」主要來自於人類的大腦，有能夠表述的，也有不能表述的（不能表述的知，就是「隱性知識」）。

事實與解釋的特徵對比，如圖1-5所示。

事實不因人而異，對任何人而言都一樣，是「客觀」的；解釋則因人而異，五花八門，是「主觀」的。事實本身不會隨時間變化（限定在某個時間點的話，像是「某某時間的什麼什麼」這樣）；事實（即使是同一個現象）的解釋則會隨時間而變。例如，歷史事實會隨著時代及當時掌權者的意向而發生變化。

再比如說，可以對「A公司本年度的利潤比去年上升了5%」這個「事實」，做出各種「解釋」，像是「去年比前年提高了10%，說明今年的進步趨緩了」，或是「即便如此，對比業界標準也是相當好的業績了」「從提高營業額的角度來看，利潤率很低」等。

事實是中立的，其中不存在「意思」，所以事實本身是沒有好壞的。意思存在於解釋當中，所以其中包含著因人而異的好壞價值判斷。

● 事實是零維，解釋是N維

事實也可以說是「點」，因為「任何人從任何角度來看都一樣」。本書所說的事實就是如此定義（嚴格來說，零維的點「沒有大小」，所以無法「看到」。這裡用日常所說的「點」的概念來解釋）。

例如，「線」和「面」就不一樣。「線」從不同的角度看，可能會變長或變短；至於「面」，如果以「正三角形」的面為例就比較容易理解。從正面看，三角形的三條邊線長度相同，但若改變角度斜著看，邊線的長度就會發生變化，甚至連三角形也不復存在。立體的情況也一樣。

這裡向知的世界導入了「維度」的概念。事實是「點」，是零維，也就是「沒有

圖1-6　事實和解釋的示意圖

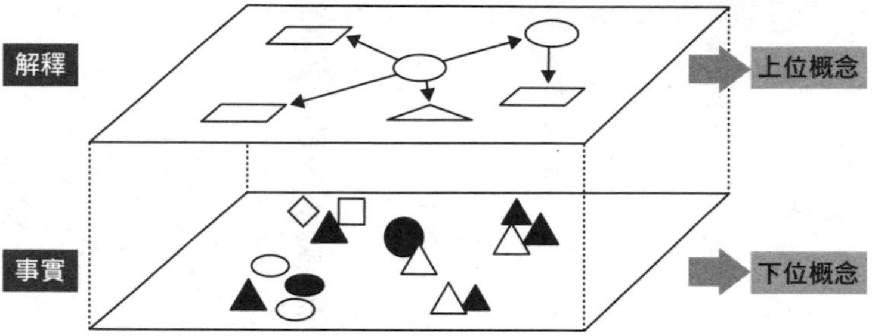

維度」。與之相比，解釋是從多個視角將事實的各種看法組合，可以理解為是由「多個維度」構成的。這對之後的討論有很大的影響。

● 解釋就是「分」和「連」

「事實」相對容易理解，「解釋」則有些抽象，不太好理解，所以我們接著再做進一步的思考。

若要深究，本書中的「解釋」可稱為「分」和「連」的組合。人類在認識各種事實時，首先會確定標的現象與其他現象有何不同，屬於什麼類別，然後將其與各種現象、事件連接起來。所謂的「分」和「連」，就是「分類」和「建立關係」。

我們絕大多數的認知行為，幾乎都可說是「分」和「連」的組合行為。例如，絕大部分語言能力便是連續的「分」和「連」。所謂「分」，就是掌握某個現象的事實特徵和概念特徵，並加以抽象化，然後和具備其他特徵的現象進行區別。

人們常說，「理解」的含義就是「分」。也就是說，「分」是人類理解事物的基礎之一。那麼，「分」究竟是指什麼呢？在本書中，「分」是指在某團體與其他團體之間「畫線」。

線該怎麼畫？就是要掌握團體中的某個特徵，將符合該特徵的現象與不符合該特徵的現象區別開來。為此需要找出某一屬性，將除此之外的其他性質統統拋棄，根據有無該屬性來把團體一分為二。

如此一來，人類就能透過「分」來認知現象，將其轉換成語言或數學公式。例如，彩虹之所以看起來有七種顏色，也是因為人們在一定程度上將原本連續變化的顏色分割開來，透過「畫線」造成了不連續，並不是說自然界的彩虹本身就有界線。此外，像是國境、選區等等皆是如此。只要是真正的自然現象，本身都沒有界線，「畫線」的是人類。

為了給事物、事件、現象（以下統稱事象）命名，須將這個事象與其他事象「分」開。此外，為了使已經掌握的、用語句表述的事象變成有意義的資訊，還需要以文章或清單形式將事象組合起來。

數學公式也是如此，首先要把經過分類、整理的元素透過建模組合起來。從這一點上，數學公式與語言的操作方式可說是一樣的。無論是用來理解自然現象的自然科學，還是用來理解社會現象的社會科學，都需要將複雜的事象經過建模後記述下來，而想要建模，就必須定義對象物（分）並記述相關性（連）。這正是「分而連之」的範例。

另外，以「分」和「知」的關聯來說知，就好比「解析度」，意味著「能分解到多細的程度」。例如，在「文科生」看來，理科和工科大概是「完全一樣」，但在理科生眼中，兩者是完全不同的學科。

反之亦然。在不懂經濟學的「理科生」看來，「個體經濟學」和「總體經濟學」肯定也是「完全一樣」。也就是說，知就是可以細緻分割的區分能力。

在商界同樣如此。例如市場行銷，根據特性區分顧客的 customer segmentation（顧客分類）就屬於「分」。可以說，將特定的技術或產品等「訣竅」與「顧客分類」

聯繫起來，想出可以滿足顧客需求的客製化方案，正是透過「分而連之」來實現「理解顧客」的例子。

●「畫線」時需要「方向」和「長度」

對「解釋」這個「知」的構成要素來說，「畫線」是不可或缺的。要想對「解釋」畫線，就需要有「方向」和「長度」。這裡所說的「方向」，也包括「坐標軸」。比方說，就算是一維，也存在一正一反兩個方向，二維的平面世界則有「360度」的方向性。這裡所說的「方向」，指的是基於什麼樣的「坐標軸」這個「軸」的本身。而且一旦這個「軸」確定下來，就需要確定在其中的哪個範圍畫線，也就是要確定位置或作為位置差的「長度」。也就是說，在具備「方向」的視角中，長度代表了「程度」或「尺度」。

「方向」和「長度」就是「解釋」的兩個要素。結合剛才提到的「維度」來思考，由於長度是特定坐標軸上的兩點間距離，所以可將其視為「值」，即一維，而將方向視為各坐標軸本身，即多維。也就是說，長度、寬度、範圍是一維，方向（僅從方向的數量這個意義而言）是N維。這些對應關係在後文「無知、未知」的相關討論中也會用到。

僅有事實或僅有解釋，也能構成知識。例如，我們上學時背誦的「某某地方生產金礦」或是「應仁之亂始於一四六七年」等，就是僅有事實的知識。而純粹的理論（邏輯的展開方法等）、定律、公式或框架，則是僅有解釋的知識，向其中「代入」事實，就能形成可具體實踐的知。

解釋的代表例子是「相關性」。例如，牛頓第二運動定律（F=ma）便是「作用力（F）與質量（m）、加速度（a）的相關性」這個知的具體實例。「拿在手中的物體，鬆手就會掉落」，以「因果關係」的角度來看，這也是關聯性方面的知。

再舉個生活中更常見的例子，比如透過日常閒談來理解、想像其中登場人物之間的「關係」，也屬於解釋中的「關聯性」。

即使是同一個事實，解釋也會因人數而異。進一步說，就算只有一個人，解釋也可能隨時間、場合而變，所以理論上解釋是有無限多的。其實，隨著事實的增多，解釋的數量甚至會達到天文數字。

現實中的事實和解釋極少脫離彼此而單獨存在。在大多數場合，兩者會成為混為一體的「套組」，很難分離開來。尼采曾經說過：「事實並不存在，存在的只有解釋。」因為事實是經過解釋後才被人類認知的，所以不會獨立存在。本書只是在討論概念，才將兩者分開處理。

此外，本書將「事實和解釋的集合體」這個被靜態定型的知，定義為知識。我們可以嘗試將這個定義套用於身邊的具體概念。

表述知識時，不可或缺的構成要素是「語言」「數字」和「概念」。它們無疑是構成絕大部分知識的要素，其共同點是「抽象」。抽象是「分」和「連」的集大成。這是因為，將具備共同特徵的事象歸為一類，與其他事象區別（分）開來，命名後再「同等對待」（連），正是抽象化的基本行為。

「概念」也是先掌握個體事象的集合體共同點，加以抽象化後命名而成，所以這也和透過「分」和「連」，讓解釋定型下來的定義相吻合。

除此之外，表述知識還有其他切入點，那就是「分類」和「系統化」。例如，植物學、動物學、生物學的許多內容都是建立在分類和系統化之上的。為具備相同特徵的多種動植物命名，再有系統地分類，也可稱為「分」和「連」的集大成。

分類和系統化所不可或缺的是思考的「軸」。這裡的「軸」，指的是透過「大小」

「重量」等變數來表現的一個「維度」，也是透過相互對立的兩個「極」來表現（例如「北和南」或「是××，而不是○○」）。由於分類和系統化是在掌握各種事象的特徵後投射在軸上，也是抽象化的產物，所以我們知道它們是上述知識表現方式的衍生。

某個思考的軸，加上基於該軸的某個分類所組成的「思維套組」「思維空白地圖」等，通常被稱為「框架」。用某種思維方式的「畫線法」組成一套之後加以範本化，可說是知識的一個典型模式，這也正是「分」（以「軸」的形式）「連」模式的一例。

在人類累積的知識裡，「畫線」這一要素在「分」和「連」中都占有重要的位置。但如後文所述，在構思新創意時，它也有可能成為障礙，這是本書的重點之一。

●知識是「可重現」的快照

前面所講的「事實」和「解釋」的關聯，適用於人類所有與「知（識）」有關的認識和理解。例如，接觸45度的熱水會感到「熱」，這一狀況也可從概念上分成「存在45度的水」的「事實」，和覺得水「熱」的「解釋」來理解。不過，僅僅如此只

圖1-7　知識是事實和解釋的快照

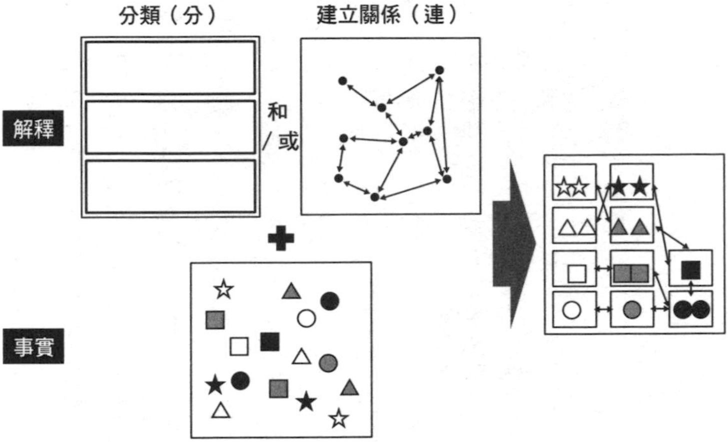

能叫「認識」，還稱不上「知識」。這是因為，這樣的理解只限於該場合，對於其他場合通常是沒有任何作用的。

本書所說的「知識」，是指透過抽象化或分類，將這樣的認識以某種形式表現出來，形成可重現的狀態。

歸納前述的分析，知識是可重現的「事實」和「解釋」之集合體，其形象如圖1-7所示。

以「分」和「連」的形式，使一個個事實經過分類、建立關係後形成的集合體，就是知。將「知」定型成靜態（亦即「快照」），就是知識。假如知識只是事實和解釋的集合，那就跟一般認識和理解的「知」沒有區別了。而為了某個目的重現「快照」，是使「知」真正成為「知識」的另一個要素。也就是說，如果把「知」本身當成是動態的東西，那麼以靜態形式將「知」定型而成的東西就是「知識」。換句話說，根據本書的定義，知識並不存在時間維度。實際上，這也是「快照」定型知識的致命傷。

所謂的可重現，要不是透過語言化等手段而擁有形態的「顯性知」，就是沒有形態、只存在於頭腦之中的「隱性知」，總之都必須經過定型。也就是說，知識必須是某時間點上的事實和解釋的快照。

快照和「照片」一樣，能夠移動、保存，能「隨時」「隨地」「給任何人看」，也就是確保了「When／Where／Who的可移性」。但同時它也有缺點，那就是每一張快照終究都會變成暗褐色，也就是變「舊」。正如後文所述，這關係到以「無知」這個方式來讓大腦歸零的必要性。知識遲早都會陳舊過時，可是人類卻往往沒有察覺到知識因為環境變化而過時，結果一直墨守成規。可以解除這個危機的，便是「無知的重要性」。

●想像和創造即「知識的重組」

知識必須是「可重現」的，而「重現」的方式大致有兩種，一種是將快照定型的知識「原封不動」地重現使用，另一種是打散知識的解釋部分，然後重新「分類」和「建立關係」。

後者屬於「思考」行為，是想像和創造的組合。因此對於想像和創造而言，無法缺少知識這個「材料」，主要是為了重組「解釋」以獲得嶄新的創意。也就是說，在本書中，知識＝靜態，思考＝動態，兩者是分開的。人們常說，絕大多數的「創意」都是既有想法的組合，這下大家應該明白這是什麼原因了吧。

反過來說，停止思考指的是既有解釋處於「僵化不流動」的狀態。因為，「將解釋定型後」變成可以再次利用的過程稱為知識化，讓既有知識流動後再次重組的過程稱為思考行為。這是一種「無知」，是創造和想像不可或缺的根本結構。

本書將這種經過某種形式重組後，能夠再次重現的定型化知識看成一個系統。正如「建立系統」這個表達方式所示，在多數場合，知識都屬於一種彙整而成的連結管道，所以在這個意義上可以將知識看成是一種系統。相對而言，單獨的事實或資訊是不能稱為系統的。本書所說的事實和解釋，以及具備多維度解釋的複合體，均被定位在這裡所說的系統當中。之所以非要如此處理是因為後述的「開放性系統」和「封閉性系統」的區別，在思考知識和無知的時候非常重要。

1.3 「無知、未知」的思考框架

即使要用一句話表述「無知」和「未知」，也會出現多種說法。「知（識）」與「無知、未知」並不是對等的對立概念，而是不對稱的，同時還存在單向通行的不可逆性。關於這一點，只要想想「有」和「無」的關係（例如，證明「無」的難度遠高於證明「有」），或是想想「有限」和「無限」的關係就能了解。尤其是後者，無限的深奧程度遠遠超過有限，同時無從捉摸，這跟知（識）與「無知、未知」的關係是一樣的。

本書的主題是運用「無知、未知」，所以不管是上一節整理的「知（識）」，以及它的對立概念「無知、未知」，均已事先整理出一些觀點，當作思考的框架。關於我們平時幾乎沒有意識到的「無知、未知」，本書會以自己的用語定義和範圍等各種觀點來分類，希望能在以後的章節中幫助大家認識到，應該如何發現問題，如何

圖1-8　「知」的三個領域與發現問題、解決問題的關係

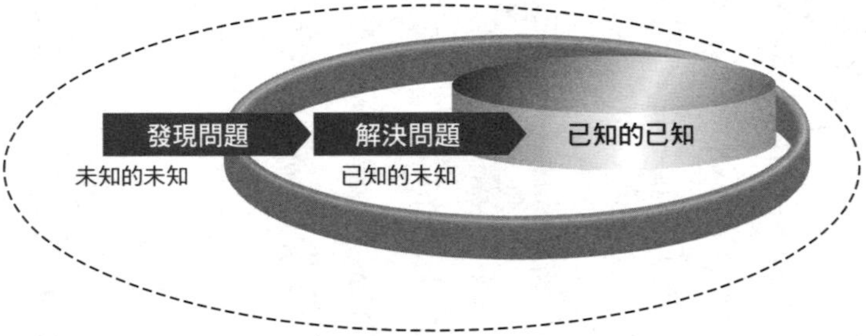

具體構思。

很少有像「無知」和「未知」這樣難以分類、整理的東西（所以才稱之為無知和未知）。話雖如此，世上的無知和未知有各種不同的層面，而且每個人的理解方式也不相同，所以本書將嘗試整理各種不同的層面。

●「無知、未知」和「三個領域」

有些用語，人們向來是不假思索就拿來使用。在這裡，我們先來確認這類用語在本書中的區別。關於「無知」和「未知」的區別，本書以人類所認知的「不知道」這個狀態稱為「無知」，而不知道那個「對象」的事實和解釋（不知道什麼是不知道的）此層面則稱為「未

知」。

所以出現在倫斯斐框架中的「知道／不知道的對象」，使用的是未知一詞，而在表述人類的理解時，則使用了「無知」「無知之知」「無知的無知」這樣的措辭。

本書同時提及兩者時，統一表述為「無知、未知」；單獨提及時，則分別表述為「無知」「未知」。

下面再來思考「知」與「未知」的「三個領域」與發現問題、解決問題的關聯。

（狹義的）解決問題，可以說就是將倫斯斐框架中，從內側數來的第二個環，「已知的未知」此一領域，變成最內側的領域「已知的已知」的過程（圖1－8）。

如前文所述，鑽研歐美企業能做到而自己做不到的領域，之後以這個領域為標準努力超趕，最終達成最佳化，是日本汽車和電機業向來的致勝模式。可以說最佳化就是指能夠消除瑕疵、使某個框架內部達成最佳狀態的思路，在「知道自己不知道」（認識到目前做不到）這個領域內一決勝負時，就是看誰能夠在該領域內達成最佳化。

如果用一句話形容「已知的未知」和「未知的未知」的區別，那就是「尋找現有問題的答案」與「從問題本身開始尋找問題」的區別。也就是說，解決問題的重點

圖1-9　「廣義的問題」與「狹義的問題」的區別

	有問題嗎？	有答案嗎？	
「已知的已知」	有	有	➡ 已解決（共享／活用對象）
「已知的未知」（「狹義的問題」）	有	無	➡ 「解決問題」的主要對象
「未知的未知」（「廣義的問題」）	無	無	➡ 「發現問題」的主要對象

正從「狹義的解決問題」變為「廣義的解決問題」（發現問題＋解決問題），而要想發現問題，首先應該著眼於「什麼是我們不知道的」。以「問」和「答」的視角整理兩者的區別後，如圖1-9所示。

該圖根據①「知道『答案』嗎？」和②「知道『問題』嗎？」這兩個視角，整理了我們身邊常見的「問題」。如此一來，我們的日常課題就可以分為三個領域。

第一個是「問題和答案都已知」的領域，也就是既有的經驗和知識。將商業和日常生活中已經發生的事，共享並保存下來以便今後得以活用，是極為重要的領域。入學考試的試題就可說是最具代表性的例子。在這個領域，解決問題是單純地解答給出的問題即可，而且在大多數狀況，問題保證會有「正確答案」。所以只要專心思考「該如何有效、準確、快速地解答問題」即可。

如果以公司內部的業務來舉例，「例行公事」就屬於這個領域，也就是經過標準化和規格化，「任何人使用相同作法都能得到相同結果」的工作。

第二個是「問題已知而答案未知」的領域，狹義的「解決問題」便是指這一領域，也就是解決已給出的問題。例如「知道成本愈低的商品會愈暢銷，但不知道該如何做到」，在開發這類產品時，就是屬於這個領域。日本以前特別擅長在這一領域競爭，而「已經給出問題」是大前提。

以入學考試的試題為例。稍微想一下就能了解，「出題」遠比「答題」更難，況且這個領域所想出的問題，未必全是「能夠完美解答」的問題。然而學校的教科書或考試中出現的問題，與實際複雜社會中的問題相比，只不過是「一小部分簡單的」問題而已。

舉公司業務來說，「專案工作」就屬於這個領域。所謂的專案，通常是目標、時間週期以及對象範圍都已經確定，可說是根據「目標、週期、對象範圍」而生，問題已經被明確定義的工作。

圖1-10　意識到問題→發現問題→定義問題→解決問題的流程

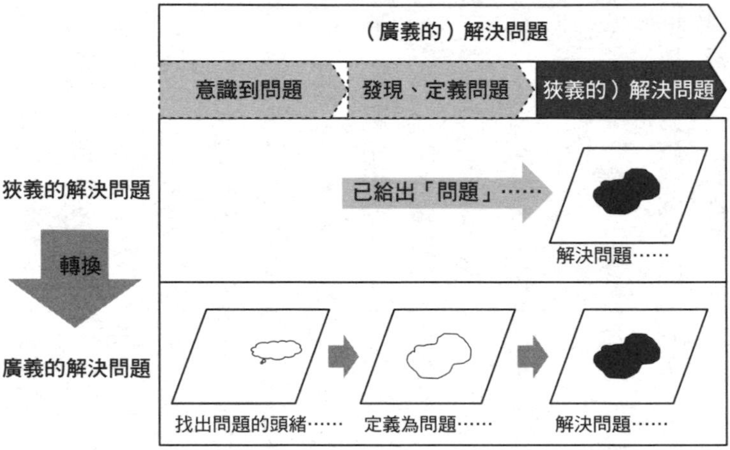

最後第三個領域是「連問題也不知道」（自然也不知道答案）的領域。可說是廣義的解決問題，也就是發現問題的領域。當今商界的不確定性很高，僅靠因循守舊地思考並不能取得成功，所以在必須不斷創新的現代商界中，正大幅度地轉換到這個領域，而「第二個領域」則已逐漸成為開發中國家的主戰場。

正如前文所述，本章在一開始介紹的倫斯斐框架中的「三個領域」，與此處的分類幾乎完全一致。也就是說，「已知的已知」屬於知識和經驗領域，「已知的未知」屬於狹義的解決問題領域，最外側的「未知的未知」則屬於「第三個領域」。

總而言之，「已知的已知」是已被解決（已有答案的）的問題，「已知的未知」是尚未解決的問題，「未知的未知」就是連問題都還尚未提出的事象。接著再以解決問題的流程對此整理後，如圖1-10所示。

畫線即處於定義問題的階段，在規定好的範圍內「上色」是狹義的解決問題。思考「白紙上的哪個地方可能存在問題」是發現問題，接下來在白紙上畫線就是定義問題。

● 透過「維度」所見的三種無知

接下來要定義的無知的視角，是無知的「維度」，與知的視角相對應（圖1-11）。這裡要針對透過維度所見的「三種無知」做些說明。零維＝事實的無知，一維＝範圍的無知，N維＝維度的無知。

本書最重要的視角，就是「維度」這個思維方式。無知也有多種「維度」。本書將在意識到這一視角的基礎上，分析世間的種種無知，並提出活用「無知」的切入

圖1-11　「知」和「無知」的維度

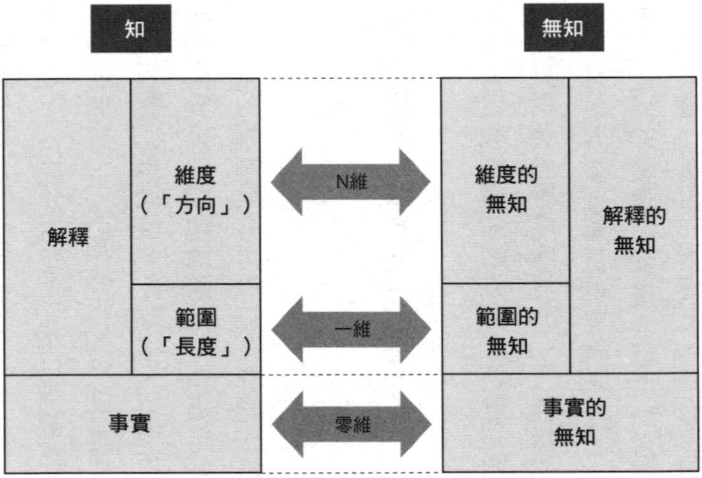

點和思路。

事實的無知和解釋的無知

如圖1-11所示，把之前提到，知識的「事實」和「解釋」這兩者的無知分開來思考。先從所有人都能輕易理解的「事實的無知」開始說明。

「那人對於○○很無知」，通常是指「事實的無知」。政治家不知道簡單的史實或地理、身邊的人不知道漢字的讀法……人們日常談論的這些話題，也幾乎都是「事實的無知」。

「事實的無知」是「重罪」嗎？一般來說對事實無知並不是什麼大錯。政治家若不認識簡單的漢字，會被民眾嘲笑，但這是「所有人都能輕易看出的無知」，並不會直接損害國家的利益。

至於「解釋的無知」，是指知道事實，但是卻沒有用於解釋事實的框架、分類方法或「視角」。例如，一個人察覺到「匯率正在劇烈變動」這個「事實」，卻沒意識到事實的解釋，也就是沒有察覺到這件事對國家利益或企業具有什麼意義，而沒有採取任何因應措施。這種情況就屬於「解釋的無知」。

此外，完全沒有察覺到事象的原因、目的這類「相關性」的無知，也屬於「解釋的無知」。所謂的科學，就是指將各種事象的相關性當作定律記述下來。從這點來看，追尋「未知的相關性」可說是科學的一大動機。

與「事實的無知」相比，「解釋的無知」是自己難以察覺、別人也很難指出的。由於「解釋的無知」是當事者和周圍人都難以察覺的，所以與任何人都能輕易理解的「事實的無知」相比，「解釋的無知」很少造成問題，但實際上，它的問題才是根深蒂固，也有可能導致決策上的決定性錯誤。因此，「解釋的無知」才是真正應該特別加以注意的問題。

「事實的無知」與「解釋的無知」的對比圖，歸納成圖1–12所示。

其中，「解釋的無知」是本書主要探討的對象。正如前文所述，「解釋的無知」不

圖1-12　「事實的無知」與「解釋的無知」

事實的無知	解釋的無知
容易察覺	難以察覺
「可恥」	「不可恥」
影響小	影響大
易改善	難改善

本書主要探討的對象

僅難以察覺，探討起來也比「事實的無知」困難得多，但它觸及本質性問題的可能性也遠遠高於前者。

此外，關於難以察覺的「解釋的無知的無知」，可以用認知偏差的無知做例子。所有人在理解事實的時候，多少都會存在一些偏差，或是以自我為中心的方式去看待問題，或是對於最近發生的事印象更深刻，又或是選擇性地放大對自己有利的事，對自己不利的事則裝作視而不見。在達到「無知之知」的過程中，就是要意識到「解釋的無知」，並加以歸零，進而在無偏見的狀態下思考。

範圍的無知

這裡再把「解釋的無知」大致分成兩部分。

圖1-13　「範圍的無知」的機制

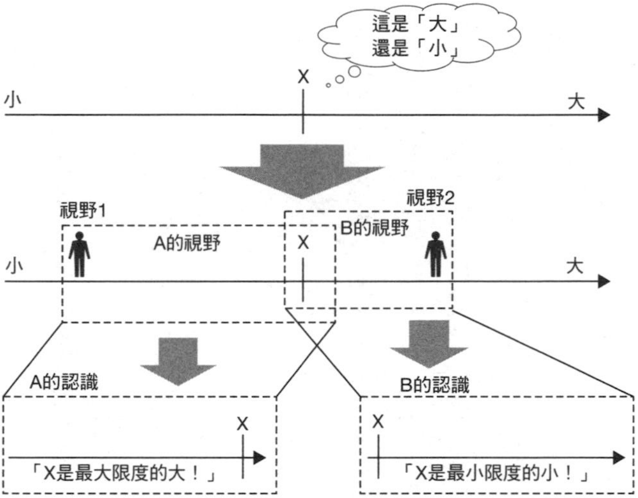

一是持有某種視角或事物觀，但並未意識到在該視角中所見的範圍是有限的，也就是「範圍的無知」。打算透過某視角綜觀全局，卻（並未意識到）只能看見局部的狀態即屬於此例。「視野狹隘」這一表述就屬於「範圍的無知」，或是屬於更高維度的「範圍的無知」。

「範圍的無知」可稱為「一維的無知」，主要是指自己所持有的「尺度」在某視角的「坐標軸」上只能覆蓋部分範圍，而且自己對此毫無察覺的狀態。如果以模式方式來表現「範圍的無知」，就如圖1－13所示。

依據某個「尺度」衡量事象時，即

使針對的是同一個事象，在坐標軸上所能認識到的範圍不同，認知也會大相逕庭。

舉個例子來說，比如一個人看見四千日圓一瓶的葡萄酒時，會覺得貴還是便宜，通常是由這個人以哪種標準來看待葡萄酒的價格而定。如果認為「葡萄酒的價格不應超過三千日圓」的人，就會覺得這瓶酒很貴；若是經常接觸「一萬甚至是數萬日圓」葡萄酒的人，就會覺得這個價格「很實惠」。格列佛在「小人國」裡是巨人，在「大人國」裡是侏儒，也就是說對於持有「更高一級視角」的人來說，這是不言而喻的事，但對那些只知道本國世界（想不到還有其他尺度存在）的人來說，格列佛是巨人（或侏儒）。

如果只是這種程度的事，並且是像價格、尺寸一樣能夠用固定標準來表現的視角，那麼很容易就能意識到自己與對方在認識上的不同，但若是無法定量表現的視角或坐標軸，在與他人溝通時，「範圍的無知」往往就會成為問題。

很多時候「範圍的無知」會在「重要性的認識差異」上造成問題。

向習慣遲到的人說明「時間的重要性」，只會得到「我知道」這樣的回答。例如，對「每個月遲到一兩次」這件事，有的人認為「我知道這樣不好，但還在容許的範圍內」，有的人則會覺得「這對步入社會的人來說是致命的問題」。儘管雙方均持有

「守時的重要性」這一視角（觀點），但對守時的「範圍」卻大相徑庭。而且很多時候，當事者雙方在溝通時，大都沒有明確察覺到這個情況。

能夠明顯表現出「範圍的無知」這一現象的，就是普通人常會表現出「已經做到」的態度，而這方面的專家則會表現出「還沒做到」的態度。前文提到關於「顧客意向重要性」的認知度便是如此。說起「顧客意向很重要」，在這方面意識程度高的人會做出「確實如此，但實踐起來很難，我還沒能做到」的反應，而意識程度愈低的人，愈容易做出「當然重要，我早已做到」的反應。

「範圍的無知」之所以會產生，是由於不同的人即使持有同一個視角（坐標軸），也很難意識到其最小值和最大值的範圍是大相徑庭的。尤其是無法像「價格」「尺寸」這些能夠用數字表現的事物，要讓大家對那個事物的差異有共識都很難。

總而言之，所謂的「範圍的無知」是起因於「無法察覺到儀表的指針已經轉超過極限」。追根究底，能否察覺到「儀表指針的範圍有問題」，就是「範圍的無知」的關鍵所在。

愈是深明事理的人，愈會說「我不明白」；愈是不明事理的人，愈會說「我明白」。蘇格拉底所說的「無知之知」這句話的重要性，比起「事實的無知」，「解釋的無知」還遠遠重要得多。

「範圍的無知」常見於溝通、討論等場合，也可稱為「分場合的無知」。日常生活中，我們周圍的人以「〇〇好」「××壞」的方式，討論各種事物的好壞。比起絕對是「A好或B好」，不如說「〇〇的場合是A好，××的場合則是B好」。好壞往往會根據場合而有所不同，可是人們在討論時卻往往混為一談。

例如，明明正在討論「在大公司裡正確而在小公司裡不正確的事」，可是如果一方以大公司為前提，其他人卻以小公司為前提，那雙方當然談不攏。在這種情況下，（當事者沒意識到自己）完全沒考慮到「公司規模」這個變數的相關「範圍」。人的意見既不會是絕對正確的，也很少是絕對錯誤的。在這種情況下，討論的矛頭本該指向「場合之分」，可是人們卻往往將自以為是的場合奉為金科玉律，沒意識到自己所看見的「只是其中的一種場合」（圖圖1-14）。

維度的無知

研究「事實的無知」和「解釋的無知」時，我們應該關注「維度」這一視角。關於「維度」，在PART3中會作詳述，這裡只將「維度」簡單定義為「變數」「視

圖1-14　「分場合的無知」示意圖

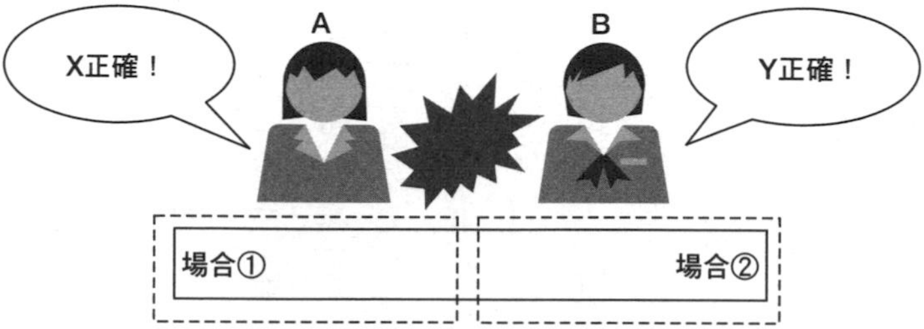

角」或思維的「自由度」，也可以表述為「將事物的觀點逐一分解後的產物」，維度的無知主要包括「與視角無關的事實的無知」和「毫無察覺新變數或新視角本身的無知」。

舉個身邊的例子，比如讀書時，認識到「同類型」中未知領域的存在（例如，歷史愛好者「不瞭解西元前的非洲……」），就屬於「同維度的無知」，而毫無察覺「類型本身」，或毫無察覺同類型也會存在「完全不同視角的解釋」這一狀況，則屬於「新維度的無知」。

若從事實和解釋的關聯來說，事實是「零維」，「從任何視角看都一樣」。也就是說，與事實有關的無知是僅存在於同一維度的無知，而解釋是「多維」的，所以解釋還存在一個沒有察覺到新維度的無知，這種無知僅存在於

「解釋的無知」當中。

前文提到的「範圍的無知」，是「一個變數的無知，或是在維度裡的範圍的無知」。從這一點上，可將其稱為「一維的無知」，因為它是在變數固定狀態下的無知。

接著，再往更深一層，沒意識到某個視角或變數本身的無知，則屬於維度的無知，即所謂「N維的無知」。人們在看待事物的時候，往往難以意識到某種事物觀點的缺失，也就是「變數本身」的缺失，這就是「維度的無知」。

像這樣分類之後，「事實的無知」是零維，「範圍的無知」是一維，更深一層的「維度的無知」則是N維。如此一來，便出現了一種可以透過維度，對無知加以分類從而展開思考的視角。

前文中曾提到，「解釋的無知」很難察覺，而且它對於發現問題具有最重要的功用。但更進一步說，在「解釋的無知」當中，對於「新維度」的無知是最難察覺的，而且它對於發現問題也有著重要的功用。因此比起事實，本書打算將重點放在思考解釋的無知上，也就是將重點放在思考「範圍的無知」這個新維度上。

我們可以舉出的「維度的無知」例子，就是「批判的無知」。通常，批判是在批判方擅長的領域中進行的，也就是在變數固定的狀態下進行，所以在這個意義上的局部競爭，對「被批判方」是極為不利。

一般來說，被批判方——也就是選手，是在具有多個變數的狀態下採取行動或發言。相對而言，批判方只要設法從變數中選出自己擅長的變數，或是選出能成為對方弱點的變數，然後發動「攻擊」即可，所以很容易就能駁倒對手，而且理所當然，乍看之下好像早已贏了這場比賽。

然而問題在於，辯論中包含許多「看不見的變數」。從選手的角度來說，就是「背後的隱情」。如果對這點毫無察覺，只聚焦於特定的領域進行批判，自以為勝券在握並為此洋洋得意，那就是典型的「維度的無知」。

●關於無知的對立軸

除此之外，關於無知還存在著幾種不同的視角。接著將會從對立軸的視角出發，舉出幾個例子來介紹。這個視角也可以算是本書所說的無知的「維度」。

被蘇格拉底視為問題的「無知的無知」

提及維度的無知，不能忘記「無知之知」這個概念。被蘇格拉底視為問題的並非「無知」（Ignorance），而是「無知的無知」（Meta-Ignorance）。蘇格拉底認為「無知」本身並不是問題，不知道自己無知才是最大的問題，也就是說，最大的問題並非對其他事象的無知，而是「對無知本身沒有自覺」。正因如此，「無知之知」才顯得特別重要。

也就是說，蘇格拉底指出了客觀審視自身「後設」視角的重要性。蘇格拉底所關注的，並非知的廣度這種「橫向」問題，而是能否從其上方俯瞰的「縱向」問題。無論如何增加知識，拓寬「橫向」的知識面，人類獲得的知識量還是會非常有限，覆蓋不到「未知的未知」領域（反倒是學得愈多，未知的領域還會愈變愈大。關於這一點留待後述）。

這種「後設視角」是「升維」的象徵性範例。這裡所說的「後設」，呈現出在主觀視角⇕客觀視角這個「軸」之上，從第三者的視角來審視自身的重點。

在這種場合，解決方案並非「努力學習」，而是以「後設視角」意識到「（認為）自己知道的事情」有限，時刻牢記有著無比龐大的「未知的未知」這一領域的存在。

換句話說，「無知之知」就是客觀審視自身從而排除先入為主的「意識」。人類是在各式各樣的認知偏差前提下，「以自我為中心」看待事物的。也就是說，由於是主觀性地理解，所以認知偏差會阻礙我們發現所有人都會遇到的問題。此外正如前文所述，「解釋」這個層面完全是因人而異，每個人都不同，這一點也必須事先明確認識才行。

「無知的無知」可視為「維度的無知」裡的特例。它是關於「自己－他人的軸」這個維度的無知，關鍵在於是否能把自己徹底當作一個客觀的對象看待。即使在「維度的無知」當中，這也是最難以自己察覺到的一種無知。而且，由於「自己」是非常特殊的存在，所以也可以將其理解為，在各式各樣思考的軸當中，「除了○○和○○以外」也還是很突出、特殊的軸。總之，不管怎樣，「無知的無知」都該作為一種視角（維度）去理解。

「已知的已知」與「未知的已知」

關於「解釋的無知」，我們已經分析過它與「事實的無知」的區別，而這裡應該著眼的重點之一，在於解釋的領域之中存有「未知的已知」領域。也就是說，連自己正做出某種解釋也都沒有察覺的狀態，例如前面提到的認知偏差，以及「沒有意識到偏見」的狀態等，就屬於這個範例。

人類只會在某種解釋下認識事實，而對這個情況本身毫無察覺，沒意識到自己處於已被某個解釋束縛住的狀態，這遠比「解釋的無知」本身更加難以察覺，也很難因應，在通往發現問題的道路上，這可說是一個巨大的障礙。

正面的無知與負面的無知

下一個關於無知的視角，那就是無知「到底屬於正面還是負面」的視角。在99％的場合，無知會在負面的上下文中被人們認為是「丟臉的」，例如「那人會因無知而陷入困境」「那是無知造成的悲劇」等。無知常被用於因為缺乏某種知識而發生否定性的負面狀況。

杜拉克當然也曾談及無知的負面層面。例如在《管理的實務》一書中，他舉出無知是組織抗拒變化的原因，闡述了「抗拒變化的根本原因在於無知，在於對未知的不安」。

然而，無知有時候也能從正面的意義上去理解。「眼不見為淨」這句話便是一個很好的例子。儘管在某些場合，這句話也會被用來諷刺而非褒義，但大體而言，它還是以正面的意義去詮釋「不知道」。例如，有別人在背後說自己的壞話，當事者往往會覺得「幸好不知道」。這句話不僅適用於日本，英語圈裡也有一句話可以和這句話相呼應，那便是「Ignorance is bliss（無知是福）」。可見這是一個普遍的概念。

「眼不見為淨」通常用在「事實的無知」的狀況，但很多時候，「眼不見為淨」的狀況也可能屬於「解釋的無知」的狀況，更可能屬於「範圍的無知」的狀況。「範圍的無知」的根本原因在於（沒意識到）自己所能理解的維度上限太低。簡單來說，就是指自己對某個領域的「眼光不高」。

在鑑賞藝術品等場合，從「能夠理解高級事物」的角度來說，「眼光高」自然更容易度過充實豐富的人生，但這未必就能稱為真理。

例如在飲食方面，「舌頭挑剔的人」和「舌頭不挑剔的人」，誰更「幸福」？從某種意義上來說，比起那些因為了解最高級的美食而無法滿足於「普通美食」，無論吃什麼東西都會表達不滿，覺得其他地方的某些東西更好吃的人，覺得所有食物都好吃的人反倒更稱得上幸福，不是嗎？由此可見，「解釋的無知」還存在這樣的正

圖1-15　正面／負面的無知

	事實的無知	解釋的無知
正面	「眼不見為淨」	本書的主要對象① 例：解釋的歸零 （unlearning）
負面	「丟臉的」無知	本書的主要對象② 例：「無知的無知」

面層面。

接著，在無知發揮正面功能的例子中，還可以舉出在決斷中冒風險的場合。「所知過多」有時會導致決斷力鈍化。在具有多個未知變數的場合中，冒風險決定是必須的，而知識豐富往往會成為「無法決定的原因」。在這種情況下，反而是「不知道」能發揮出正面的功能。這也可以說是「眼不見為淨」的另一種解釋。

將正面／負面的視角，與前文的事實／解釋的視角組合起來思考，就如圖1-15所示。

首先，左上方的「事實的無知」是以正面意義去理解的領域，通常這屬於「眼不見為淨」的領域。接下來，左下方是事實的無知，被當成負面理解的時候，就是「無知」這一詞最常被用到的「丟臉的無知」。

到此為止是一般所說的「事實的（零維的）無知」，而本書的重點是（一維以上的）「解釋的無知」。它可大致分為兩類，分別是接下來所述「將既有的解釋歸零，進行無差異的平均思考」，即右上方的「正面的解釋的無知」領域，以及右下方的「負面的解釋的無知」領域，這領域的代表是「無知的無知」，也就是「後設層級」的「高維度無知」。

正如前文所述，「事實的無知」無論是正面還是負面，程度都比較低，而「解釋的無知」無論正面還是負面，影響都很大。儘管如此，本書的著眼點仍在於「難以察覺」的這個本質性課題。

1.4 已知和未知的不可逆迴圈

我們在思考無知和未知的時候，事先就對已知和知識的基本關係有所認識，而已知和未知的關係是不對稱的。也就是說，「知道」和「不知道」並非對等關係。

例如在時間軸上，無知具有「不可逆性」。也就是說，無知一旦變成知識，就不會再度變回無知。一旦已經知道，就不可能「當作沒這回事」。並不是說不會「忘記」，而是已經知道的「知」本身不會消失。綜觀人類歷史，知識基本上都是單方面地增加和累積的。行星運動定律的發現者，十六世紀的德國天文學家、數學家克卜勒（Johannes Kepler）曾留下這樣的一句話：「所謂未知，就好比生下知識這個孩子後死去的母親。」

圖1-16　「無知之知」和「無知的無知」的進化過程

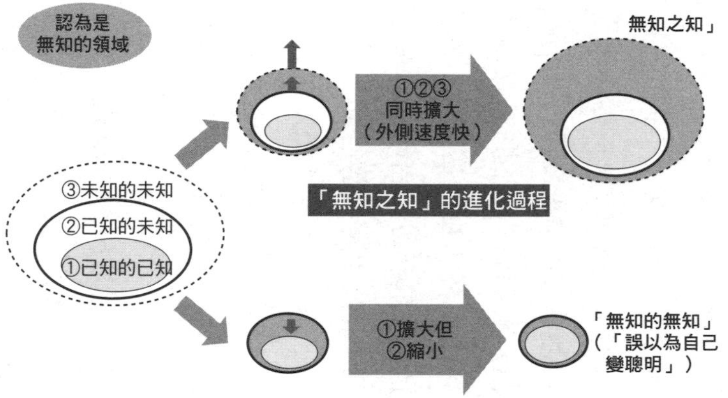

●「知」和「未知」擴張的邊界

如前文所述，「知道」的最前線正在隨著人類的進步而向外擴張。基本上，一旦知道，就不會再變回不知道了。就這一點而言，從無知到已知的轉換是不可逆的。也就是說，已知的領域是只會增加而不會減少的。

然而有趣的是，已知的增加並不會導致未知部分的減少，而是恰恰相反，「知道得愈多，未知的領域就會變得愈大」。

愛因斯坦（Albert Einstein）曾說過：「愈學習，就愈知道自己有多無知；愈察覺到自己無知，就愈想更深入學習。」聽說，劇作家蕭伯納（George Bernard Shaw）曾在一次宴會上對愛因斯坦說：「科學一直在犯錯。因為每解開一個問題的同時，就必定會造成十個其他問題。」

「無知之知」的機制就藏在這句話裡（圖1-16）。

無論個人還是企業之類的團體，知識均會不斷上升，「已知的已知」這個領域則會隨著知識的增長而擴大。與此同時，正如蕭伯納所言，原本的「已知的未知」領域也會擴大，而「未知的未知」領域更會以等比級數的方式擴大。

然而人類對於這件事的認識，大致可分為兩類。毫無察覺到「未知的未知」領域，也就是沒有察覺到「無知之知」的「無知的無知」的人，會覺得「第二個邊界線」——「已知的未知」領域是固定的。既然「已知的未知」減少了，那麼理所當然是「自己隨著知識的增長而變聰明了」。

相對的，「無知之知」的實踐者感受到的「無知」是「未知的未知」這個領域，它理應隨著知識的增長而變得愈來愈大，所以會覺得「自己隨著知識的增長而變愚蠢了」，從而具備了實踐「無知之知」的思維方式。

知的邊界線正在擴大，對此可以舉個容易理解的例子。比如在地震、颱風、海嘯等自然災害中，「失蹤者」的數量會逐漸增多。想想有些奇怪，那些後來「下落不明的人」，為什麼沒進入最初的「失蹤」名單呢？這是因為，那些人最初屬於「連是否下落不明都不明」的這個「連不知道都不知道」的領域中。

●「無知、未知」和「知」的迴圈

由此可見，人類的知的發展過程，可稱為「由無知、未知狀態產生知的不可逆過程」。這裡的關鍵在於，為了產生「知」，前提要有「無知、未知」的存在，而且這一過程基本上是「單行道」。也就是說，人類的歷史，就是連續不斷地將「未知」這個未來，從廣闊的「荒野」開拓成「知」的道路（不過與此同時，在其他領域又會產生「新的未知」）。

知識在產生的瞬間，就會立刻變成舊知識。人類對於知的探求，就像是在追逐出現在「知」和「無知、未知」之間，難以捉摸的海市蜃樓。知的邊界線只會前進不會後退，永遠只會不斷擴大。因此，追求知，反過來說就是追求未知。真正的先驅，必須率先開拓那片沒人見過，位於知的邊界線對面的領域。

在知的世界裡，按照未知↓已知這個不可逆過程，「知（識）」不斷創造出其他新的「知（識）」，同時藉此擴大知的整個世界。也就是說，從無知到已知或從未知到

圖1-17　未知→已知→下個未知的迴圈

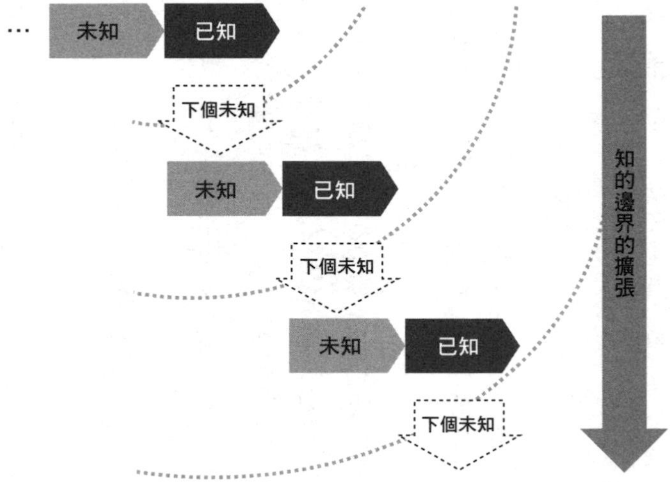

已知的不可逆過程中，會產生新的「無知、未知」，如此便形成了一種無限循環的迴圈。下面我將透過上位概念，對這個迴圈做進一步分析（圖1-17）。

正如前文所述，「無知、未知」和「知（識）」的關係，是兩者共同形成了不可逆的「迴圈」，並呈螺旋狀發展。對於產生新的知識而言，俯瞰迴圈整體的視角非常重要。接下來，我們將嘗試俯瞰包含「無知、未知」在內的整個「知（識）」。

●「無知管理」的思維方式

對於關係到產生新知的發現問題而言，「無知、未知」非常重要。無論在商界、個人世界還是組織的世界，都需要有意識地活用「無知、未知」。而要做到這一點，就須具備「無知管理」的思維方式。

「無知管理（Ignorance management）」是英語圈裡常用的詞彙，但它並不像「知識管理」那樣是已經確立的概念，它的定義和範圍因主張的學者和專家顧問而有千差萬別。兩者的共通點只有一個，就是「需要重視並活用的是未知，而非已知」。

從某種意義上來說，正因為無知（Ignorance）是知識（Knowledge）的另一面，所以與其將無知管理理解為知識管理的對立概念，不如把它定位成是補足了知識管理的另一層面，而這恰好與從狹義的解決問題，擴展到廣義的解決問題（包含發現問題在內）此一概念相吻合。

自一九九〇年代開始，各企業所採用的知識管理都算是「狹義」的，也就是共用、管理、活用企業內的既有知識。在這一點上可以說，知識管理與無知管理是完全對立的。然而，真正的知識管理是用來產生新知識的，從這個觀點來看，無知管理也算是一種用來強化、補足知識管理入口的能力吧。

通常，人們大都會否定地看待無知，而本書的立場是從肯定的角度去看待無知，認為「著眼於無知就是一切創造性活動的發射器」。留意無知的正面層面，就有可能出現創新。為此，可以透過盡可能將無知結構化，來找出活用無知的方法。在這個「發現問題」愈來愈重要的時代中，在經營組織時，「無知管理」也是必須牢牢記住的概念。

1.5 蘇格拉底和杜拉克提倡的「無知」的兩種視角

前文闡述了「知（識）」「無知、未知」的相關定義、分類以及其功過。接下來在本節中，將對如何活用「無知、未知」來進行講解。講解的內容有兩個大方向，一個是蘇格拉底所提倡的「無知之知」，另一個是杜拉克所提倡的「活用無知和未知」。

●「後設認知」是基於「無知之知」的察覺原點

第一個對「無知」的著眼點，是「無知之知」。正如前文所述，「無知之知」是從「更高」維度，也就是站在俯瞰自身視角來認識自己的無知。用前面的話來形容，關鍵就在於能夠察覺「未知的未知」到多大程度。

所謂的後設認知是「察覺」所必要的視角。沒有察覺，就只會原地踏步，不會進步。它是發現問題的「第零步」。沒有「無知之知」，一切思路都不會啟動。因此，我們需要對前文所講的無知的各種層面和類型有足夠的自覺。

蘇格拉底所提倡「如果我是最有智慧的人，那就表示『自己察覺到自己有多麼無知』，這句話，可謂道盡了「無知之知」的真諦。若將「無知之知」用「無知、未知的維度」來表現，關鍵就在於能否透過「自己和他人」這一視角的軸來「對比自身的存在」。這可說是「維度的無知」裡的特殊（高難度）例子。透過客觀地審視自己，進而達到「無知之知」的境界，啟動思路，是發現問題最難的第零步。

●利用無知將既有知識歸零

「無知」的第二個活用法，是持有與知識量龐大的專家視角相對的「外行視角」。在認為知識就是一切的世界裡，一旦知識進入腦中，就是「既存」的，所以會做出累積式的思考。可是實際上，發現問題所需要的反而是將這種知識歸零。尤其「解釋」這個維度的知識，有時更會成為貶義的「先入為主」，降低人的判斷力。能否果斷地將這類解釋統統歸零，在無知的境界裡單純地看待事物，就是發現問題的關鍵所在。

「知識」和「偏見」可說是硬幣的正反兩面。「直覺」與「先入為主」；「自傲」與「頑固」同樣如此。人類的思維真的非常複雜，因此稱得上是人類和其他動物最大區別的智力，也有可能是各種弊病的源頭（動物的「煩惱」比人類少得多）。

而且，人類只會以自我為中心的方式去思考，簡直到了可怕的地步。正如前文所述，本書中的解釋不論好壞，都是「主觀」的，所以一旦在宛如白紙的狀態下發現問題，那樣的「自以為是」往往就會變成智慧的負債，妨礙我們的智力活動。

智力活動也不例外。已有為數眾多的創造者和重視思考的思想家指出，在絕大多數場合被用於否定意義的「無知」，有時也會對我們有益。同樣也有人指出，「知（識）」也會阻礙思考。

指出這一說法的代表例子之一是以《這樣思考，人生就不一樣》等作品而聞名的語言學家外山滋比古，在他的著作《思考力》一書中，針對知識反而會阻礙思考，以及無知的重要性，做出了以下的論述。

「思考能力低落的最大原因，在於偏重知識的風潮。除了真正有需要之外，大多數的情況，即使不去看他人的論文也無所謂。為了創新，沒必要了解科學的歷史。

一旦知道了，就會受困其中而不得脫身。」

「英語裡有這樣一句諺語——『受到祝福的無知（Blessed Ignorance）』。因為不知道，反而能產生新想法。知識淵博的人未必聰明機靈。不一味地刻意累積知識，反而能使頭腦變得輕鬆靈活，發揮出獨創性。」

「『無知』一般被認為是不好的，但因為沒有多餘的知識而產生的『無知』，反而應該加以歡迎。」

● 你能做到 unlearning（捨棄所學）嗎？

英語有個單字叫 unlearn，就是在「學」＝learn 這個單字前面加上帶有否定語感的「un」而成。顧名思義，這個單字的含義就是「將曾經學過的事，歸零清除後變成空白狀態」（可以用電腦指令中的「undo」來聯想，這樣會比較容易理解吧）。這個單字對於思考「無知之知」很重要。因為能夠把曾經學過的知識 unlearn（捨卻所學）到什麼程度，正是創新所不可或缺的關鍵之一。

以前曾一度很流行「腦筋急轉彎」。

【問題①】怎樣把大象裝進冰箱中？（這是「熱身問題」，所以可以先看答案沒關係）。

【問題②】怎樣把長頸鹿裝進和剛才相同的冰箱中？（假設冰箱的大小只能裝得下一頭大象或長頸鹿。）

首先，將【問題①】的答案分成以下三個步驟。

步驟1：把冰箱門打開。

步驟2：把大象裝進冰箱。

步驟3：把冰箱門關上。

以上的內容就是所謂的「熱身問題」，可以當作提示來思考。

在此基礎上，真正值得思考的是【問題②】。

乍看下來，似乎只要把【問題①】的答案裡面的「大象」換成「長頸鹿」即可，但這個問題的關鍵在於如何更深入地思考。

【問題①】的大象和【問題②】的長頸鹿究竟有何不同？

這裡給一些提示。

①冰箱只能裝得下一頭大象或長頸鹿。

②比裝大象時多一個步驟。

好了，答案分為四個步驟。

步驟1：把冰箱門打開。

步驟2：從冰箱裡取出大象。

步驟3：把長頸鹿裝進冰箱。

步驟4：把冰箱門關上。

對此，本書將從「歸零」的重要性這個視角來說明（儘管這個問題的真正用意並不在此）。

也就是說，關鍵在於「儘管第一次和第二次做的是同樣的事，卻有很大的區別」。

為了在已經裝有動物的冰箱裡再裝進其他動物，必須把先裝進去的動物拿出來。

關於知識，也是同樣如此。

尤其是關於後述的上位概念。一般來說，要想掌握新的上位概念，必須把之前學到的上位概念統統拋棄。實際上，這一步是非常辛苦的（相當於取出「冰箱裡的大象」）。「知識束縛」的現象在發現問題的階段尤為明顯，所以請務必牢記在心。

正如後文所述，為了想像和創造，必須「重新畫線」，然而重新畫線需要的正是unlearn，也就是「要把以前畫的線歸零為空白狀態後再思考」。

在前面所講的「無知、未知」中，與這個歸零概念有關的是與「上位概念」有關的無知，在後述會舉出的「解釋的無知」就是其中一個例子。沒有察覺到自己已經在不知不覺中被某種固定觀念束縛，這也可稱為是一種無知。它比單純只是「知道」「不知道」事實的這個維度的無知更難覺察，所以相當棘手。

前文提到的外山滋比古的《思考力》一書，在闡述完「無知」的重要性之後，同樣還有這樣一段論述。

「此時『忘卻』很重要。忘記曾經學到的東西，有意識地營造出接近於無知的狀態。這並非自然的無知，而是以大腦功能達成的『智慧型無知』。在這種狀態下思考的話，因為知識並非隨時隨地都不可或缺，所以自然就能忘記。」

這裡所說的「忘卻」，可以理解為上述的「unlearn」。

「把大象拖出冰箱」是很費力的。大象平時生活在非洲或印度等炎熱的地區，難得進入舒服的冰箱，肯定感覺無比舒適，所以即使想叫大象出來，牠也不會那麼輕易出來，而且既然是「大象」，也不可能輕易地將牠推、拉出來。恐怕把長頸鹿裝進冰箱之前，光是把大象拖出來的這一步，就會讓人精疲力盡吧。

因此，前面那個問題的「真正解決方案」也許是這樣。

步驟1：準備一個新冰箱。
步驟2：把冰箱門打開。
步驟3：把長頸鹿裝進冰箱。
步驟4：把冰箱門關上。

這個辦法可能需要花錢，但既然能用錢來解決，似乎還是這樣做要輕鬆得多，可見把已經裝進去（enter）的大象拿出來（unenter）有多麻煩。

● 杜拉克所言「無知」的活用法

為了探討「前言」中提及，杜拉克關於無知的問題意識，我們來看看他在其著作以及採訪中的語錄。

首先介紹的是在威廉・科漢（William A. Cohen）的著作《*A Class with Drucker*》（杜拉克的一堂課）中引用的內容。

一個學生詢問成功的秘訣，老師這麼回答：「沒什麼秘訣，一切全在於恰當的提問，僅此而已。」

突然又有一個學生舉起手，接連提了三個問題。

「『恰當的提問』該如何尋找？」

「提問的基礎是建立在諮詢對象的業界的相關知識上嗎？」

「您在沒有經驗的新人時期，是如何獲得知識和專業能力的呢？」

老師是這樣回答的：「我向顧客提問以及面對諮詢課題的時候，不記得自己曾經仰賴過業界相關的知識和經驗。不如說恰恰相反，我完全不會仰賴知識和經驗，而是會以一無所知的空白狀態去面對。因為不管要解決哪個業界的什麼問題，要想幫到顧客，一無所知是最大的武器。」

教室裡的學生紛紛舉手，老師未作理會，繼續說道：「只要掌握了活用的方法，知識不足絕非壞事。所有管理者都應該掌握這個方法。我們需要做的，不是活用那些基於過去經驗的知識，而是找機會迫使自己在頭腦空白的狀態下面對問題。況且，那些知識並不正確的情況也不在少數。」

從杜拉克的言論中可以看出，他是在「想出問題」，也就是強調發現問題的重要性，並說明為了想出問題，可以活用「無知」。

PART 2

「解決問題」的困境

能「解決問題」的人不能「發現問題」

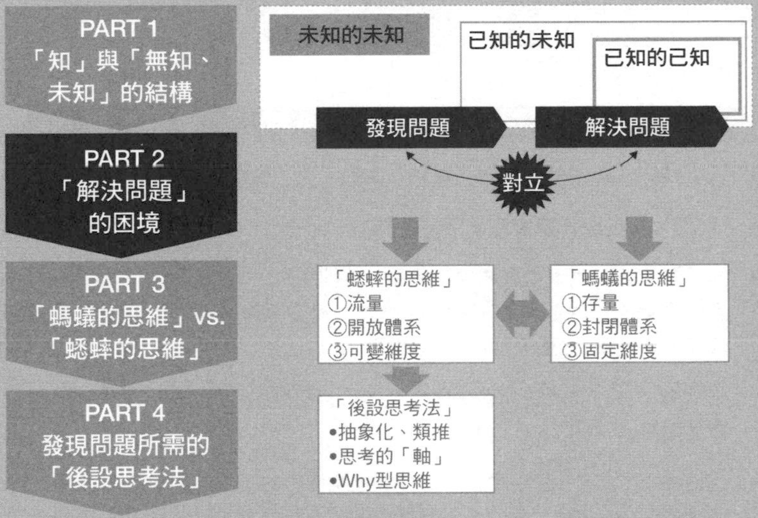

PART 2的整體概念圖

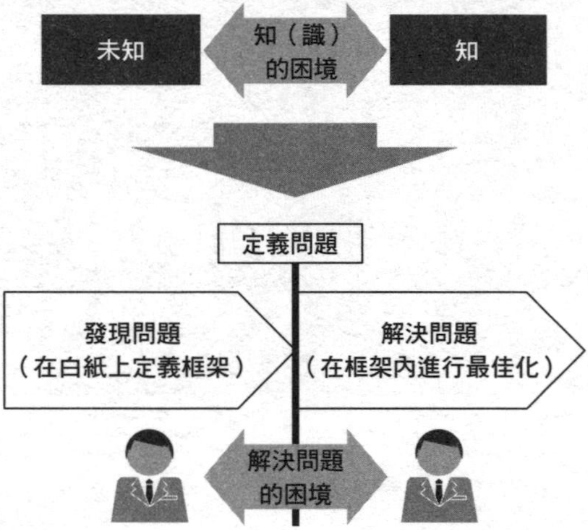

PART 2的重點

- 「知（識）」會妨礙到活用「無知、未知」來「發現新問題」。
- 「問題」源自於「事實和解釋的差異」。
- 知（識）存在以下這種結構性矛盾，這裡稱為「『知』（識）的困境」：人類透過「畫線」拓展「知」的世界，但「所畫的線」反而會在發現問題並產生下一個新「知」時變成障礙。
- 一旦為了「方便解決問題」而定義了「封閉體系」，就會引發「封閉體系的困境」，產生下一個問題。
- 「解決問題」和「發現問題」存在一種結構性的困境，這裡稱為「解決問題的困境」，因為兩者各自需要的價值觀和能力有著一百八十度的不同，也就是（狹義的）解決問題的人不能發現問題。

PART1闡述了意識到「未知的未知」領域的存在，對於發現問題的重要性。至於為什麼重要，是因為我們已知的領域非常有限，倘若只有局限在其中思考，終究只能解決片斷的、表層的問題。

尤其在當今這個時代，重要的不是解決既有問題，而是發現並定義問題本身。因此，能夠不預設、不帶偏見思考「根本問題是什麼」的能力至關重要。

PART2將說明「解決問題」和「發現問題」存在的一種結構性困境，由於兩者各自需要的價值觀和能力有所不同，導致擅長（狹義的）「解決問題」的人不能「發現問題」。「知（識）」會產生「知（識）的困境」，妨礙人們去發現問題，畫線容易造成「封閉體系的困境」，產生下一個問題，以及由於「封閉體系」的「封閉性」緣故，所以存在著根本性的「解決問題的困境」，讓人們遲遲無法發現下個問題。

2.1 「知（識）」的困境

發現問題與解決問題的思維，兩者的根本區別在於之前論述的「知」的性質。在PART1中，已將「知識」定義為事實和解釋之組合的靜態快照。累積知識的行為本身，會成為發現下個新問題時的障礙。

半導體的記憶體大致分為可讀取但不可寫入的ROM（Read Only Memory，唯讀記憶體），以及能夠自由寫入的RAM（Random Access Memory，隨機存取記憶體）。有一種ROM叫PROM（Programmable ROM，可程式唯讀記憶體），使用者只能在一開始寫入一次資料，然後就只能讀取不能寫入。人類的基本思維，在很大程度上不是跟這種PROM很像嗎？

當然從物理結構來講，人類的記憶裝置應該近似於RAM，但在實際操作時，每當重寫的次數增多，速度就會變慢，記憶體漏失和執行錯誤的情況都會快速增加。

雖說「江山易改本性難移」並非真理，但在工作和私人生活中，難以跳脫最初就學會的思維方式是很常見的。

這裡的情況也是指「重寫」事實比較簡單，但「重寫」解釋則非常困難。因為很多時候，我們連特定的解釋被深埋在腦中的「未知的已知」狀況都毫無察覺。

例如，在進化快速的IT技術，從上個世代進化到下個世代時，彼此間的對比，就會將「重寫」事實的現象如實地呈現出來。

鍵盤世界裡的B. B. Call→按鍵式手機→智慧型手機、平板電腦（觸控）的進化，「金錢」世界裡的現金→信用卡→電子錢包的演進，還有購物也從實體店面發展到網購等，這些變化都是「重寫」事實的例子。我們很難跳脫出，以「一種做法」記住的價值觀或步驟。當我們想要將某項科技更新到下一個世代時，過去的經驗反而會產生負面作用，大家還是寧願從「持有負債的狀態下」開始發展，也不願從零開始開創新的世代。

當然，我們還是有辦法去記憶新的技術用語、「更新」技術資訊，但是，諸如「文字的輸入法」或是以特定技術為前提的「生活習慣」，都很難從最初的記憶中跳脫出來。曾經記住的價值觀是無法輕易捨棄的，這是「知（識）的困境」的根本原因。

●「問題」源自於事實和解釋的差異

隨著時代的發展，各式各樣的事象正不斷發生。這一個個「事實」本身，根據本書的定義，全都跳脫了時間（When）、地點（Where）、個人（Who）的限制，具備超然的普遍性。

與「事實」相反，「解釋」應該是隨著時代一直在改變的。為了讓「解釋」成為「可再利用」的知識，必須將某些部分以「快照」擷取下來並做靜態定型化處理。

因此，解釋並不具備跳脫時間限制的普遍性，所以在環境急遽變化的時代，很多解釋都會因過於陳舊而失去作用。正如在PART1中指出的說法，所謂的知識，就是這些解釋定型化之後形成的，所以會產生問題。

自然科學中的事實（天體運行、物理現象等）是發生在自然界的現象，所以基本上這些事實並不會發生很大的變化，但人類和動物的行為在社會等因素的影響下，會隨著環境的變化而發生巨變。尤其是在技術突飛猛進的當代，人類的行為特性也會發生變化。

在這樣的狀況下，透過時間軸來看，事實和解釋就會發生差異。然而人類的認知

圖2-1　事實和解釋的差異

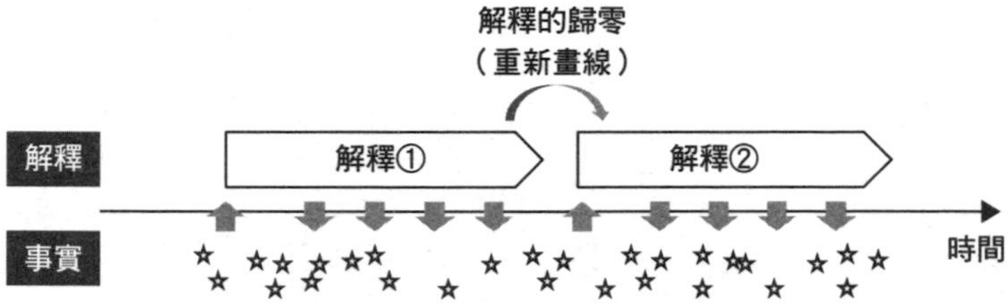

並沒有那麼靈活，基本上是保守的，所以固定下來的解釋會長期盤踞不去。於是解釋不得不在某個期間定型下來，但實際正在發生的事情卻是時時刻刻變化著，所以事實和解釋之間會發生差異，因而產生問題（圖2-1）。

例如，單字和語法的關係便是其中的典型代表。所謂的語法，是指將用於溝通的單字（一個個的事實）透過某種模式解釋並定型。如此一來，學習語言的方法就會形成體系，學習效率自然可以獲得跳躍性的提升。然而隨著每天的單字變化，單字和語法之間就會發生差異。

再舉例來說，法律、規章等也適用於這個模式，商業中的「業種」和「習俗」同樣如此。中途發生「事實和解釋的逆轉現象」時，這時候兩者之間就會產生差異，也就是所謂的「本末倒置」。這種狀態會引起各式各樣的問題，例如，因為沒有修訂不符合實際情況的舊有法律和規章，只是遵循「舊解釋」而使得真正的事實遭到扭曲……這種情況簡直是不勝枚舉（不過，「規章至高無上」的思路並不會產生這樣的「扭曲」）。

也就是說，實踐發現問題的關鍵，在於認識到這種機制並找出事實與解釋偏差。人類的語言能力也是建立在「分、連、畫線」之上的，所以思路封閉的人和思路開放的人在理解方式上並不相同。例如，日本人把口語發音限定為「五十個音」，只要聽到某種語言，就會「分割」成五十音來認知。就好像大腦裡有五十個箱子，把聽到的讀音與其中最近似的箱子連結起來。

如果只有生活在說日語的世界裡倒是沒什麼問題，可是一旦想要理解外語，這樣的作法反而會變成障礙。原本只是為了促進理解，為了發展智力行為的這「五十個日語讀音箱子」，卻也想套用在理解外語上，結果落到只能「用片假名來表示」的下場。

日本人分不清L和R發音的原因就在這裡。由於日語中的「箱子」數量有限，無法準確對應，導致「rice」和「lice」的讀音聽起來完全一樣。

這也是受困於「解釋」而無法準確掌握「事實」的一個例子。姑且不論是好是壞，尚未形成「解釋」這個過濾器的小孩子，通常能夠準確地學習並掌握外語，就是一個有力的證明。

同樣地，關於Digital一詞的日語寫法，在「思路封閉」的人看來，「哪種寫法正確」是討論「正確外來語」時的大問題，而在「思路開放」的人看來，這是一個「無所謂」的問題。因為Digital就是Digital，用其他語言如何解釋，那頂多只是一種手段，而「事實只有一個」（以語音發出來的一種語言單字）。

●創新者是指「重新畫線」的人

只要記住這個結構，「創新」與思路的關係就會自然地呈現出來。所謂的創新，就是找出發生在事實和解釋之間的「畸變」，在事實和解釋之間畫出一條「新的界線」，具體化之後，就是所謂的創新。這裡產生「畸變」的原因主要是重大的環境變化，例如技術革新、社會潮流的變化等。世間的規則，其形式多為「〇〇以上適用，〇〇以下不適用」，而隨著時間的變遷，在某個時間點，「畫過線」的事物就會發生畸變。

諸如補助金的發放標準、選區的地域畫分等由過去的狀況或規則決定的東西，很多都不再符合現今的實際情況。例如，「組織」也是要「畫線」的，一旦根據不同地區、不同業種確定了負責人，大部分的人都會按照「因為我是○○的負責人」來畫線，確定工作範圍。隨著環境變化，這部分就會發生畸變（而且大部分的人和組織沒有意識到這種畸變，仍會強行遵照舊有規則行事）。

假如說，像這樣永遠固執地遵守「無形之線」的人是這個世界上的多數派，那麼能夠找出其中「畸變」的人就是創新者。

曾經畫過的線是非常頑固的，即便是已經老化而喪失應有功能的事物，一旦成了習慣，就會被人當作是正確的，而那些連續變化之後「走過頭」的事象，反而會被認為是錯誤的。大多數人都會做出這種「本末倒置」的解釋。

如果養老金的領取標準，或是公司、社會上的津貼發放標準，是根據制定標準時的民眾狀況而定，那麼即使實際情況隨著環境變化而改變，這些標準也依然一成不變。而且，這種邊界線的周圍必然會發生「畸變」。

商業中的「業種」「產品類別」「顧客類別」等也一樣，一旦確定了作為某個時間點的快照類別，相關人員就會以定型的眼光去看待連續變化的事象，從而產生「開發〇〇類別的產品吧」的想法。創新者則會把顧客需求當成「事實」來理解，試圖創造出不被現有畫線束縛的產品或服務，使用現今的最新技術和概念重新畫線。不過在這一瞬間，就會產生「創新的困境」。起初完成新畫線的創新者，在下一步擴大這個新結構時，需要將已經定義（重新畫過線）的體系定型管理，所以思路本身會封閉起來。

在畫線後條件和規則已經固定的世界中解決問題時，電腦則顯得特別重要。在一九九〇年代，電腦已經在西洋棋比賽中擊敗人類的世界冠軍。在複雜性、自由度更高的將棋比賽中，電腦也幾乎達到了人類的最高水準，和西洋棋比賽一樣，電腦在將棋比賽中打贏人類的壯舉，也只不過是時間的問題罷了。

這些桌上遊戲屬於典型的「封閉體系」。由此可見，在邊界已經被明確定義的體系中進行最佳化的這一點，人類已經逐漸失去優勢。

相反的，電腦不擅長的是解決「邊界未被明確定義」的「開放體系」中的問題。即使要解決的問題變得更為「靈活」，但基本上也只是邊界有所擴大，依然沒有脫離「封閉體系」的範疇。

● 識別模式有助於理解，但模式化導致死腦筋

能夠說明「畫線」好壞的另一個例子是「模式的識別」，它是抽象化的一種形態。利用識別模式，相較於逐一理解個體事物，人類能夠同時理解多個類似的事物。只需發揮一種經驗的效用，就能讓智慧獲得跳躍性的發展。但同時，模式化也是一把雙面刃，可能導致思維的定型。

說到「雙面刃」這個觀點，思維中的「框架」同樣如此。能夠在一定程度的短期內，讓初學者輕鬆掌握某個領域的整體思維方式，以及歸納的項目，那就是思維中的「框架」。從這個意義上來看，框架也是一種模式的識別。這個框架能夠幫助我們找出容易存在偏差的觀點死角，幫助我們發現比較容易忽視的領域。

和框架功能相同的還有「範本（template）」。「只要根據範本來做，就能輕鬆做出具有一定品質的東西」，從這一點來說，範本和框架一樣，都很有用。只不過，範本也是在短期內達到一定水準的情況下很有效，但在需要發揮「前瞻」的創造性時，就有可能變成累贅。

這裡也能看到「在到達某個程度之前，能夠發揮正面作用，不過一旦超過某個關鍵點，就會產生負面作用」的結構。

模式的識別、框架、範本等，在「利用模式化，一開始能夠發揮正面作用，但『思維會定型』」的這一點是共通的，其根本原因就在於前面提到的「事實和解釋的差異」。

●「畫線」導致「出乎意料」

如前文所述，在風險管理的世界裡，能把風險「預料」到什麼程度是問題的關鍵。無論是產品的設計，還是社會、組織的設計，都不得不以有限的資源為前提，所以必須在某處「畫線」，確定體系的邊界條件，不然就無法解決問題。

然而一旦畫線，就必然會發生「出乎意料」的事態，產生根本性的矛盾。風險管理本來就是要「預料『出乎意料』的事」，具有這個結構性的矛盾。「因畫線而產生下個問題」的例子，在風險管理中並不少見。

此外，「畫線」也會成為不幸的根源。國境紛爭、民族問題、選舉中的一票之差等等，我們周圍的很多問題，大部分都是在某種「邊界」中產生，這是為什麼？因為其中隱藏著「畫線」的本質。

追根究底，「線」只是人類為了腦中的認識和理解而擅自畫出的。「國境」也好，「選區」也好，「業種」也好，都是由人類腦中築起的概念隔牆。有個笑話講的是，一名乘客望著飛機窗外，一邊問空服員：「哪裡能看見國際換日線？」

大概沒人會真的相信國際換日線是實際存在吧，但事實上，類似這個故事的「笑話」在現實生活中隨處可見。很多時候，人們在腦中假想的畫線會在不知不覺間自己浮現出來，使人誤以為它是絕對正確的。

「知（識）的困境」的另一個原因在於，知識中存在著類似向心力的東西。愈是被稱為專家的人，愈難以從累積的知識中跳脫出來。

一開始提到的便利商店例子就是如此，對便利商店貨架的知識愈詳細，就愈難做到「遠離」那個貨架。

同樣地，自己專業領域內的知識累積得愈多，就愈難以擺脫其中的「引力」。愈是「這一行的專家」，愈難提出跳脫藩籬的嶄新意見，反倒是「外行的視角」由於沒有向心力，擺脫了預設和偏見，所以比容易從零開始思考創意。

圖2-2　發現問題→解決問題的流程，與「開放體系」「封閉體系」的關係

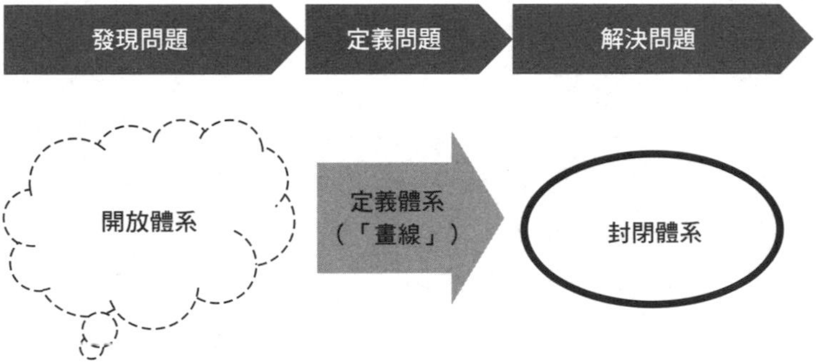

● 定義問題造成「封閉體系」

「封閉體系」是從定義問題時產生的。換句話說，每定義一個問題，就會造成一個「封閉體系」。因為要想解決一個問題，就必須設定某種邊界，明確區分「是問題」還是「不是問題」。

發現問題→定義問題→解決問題，是廣義的解決問題的流程，其中的「開放體系」與「封閉體系」的關係如圖2-2所示。

定義「封閉體系」的同時，也意味著問題的相關變數已經被固定。「固定變數」是為了解決相關問題而將應該考慮的視角固定下來，以便最佳化那個範圍。

例如，光說「環境問題」，並沒有準確地定

義問題。我們是應該最大限度地減少二氧化碳的排放量，還是最大限度地提升可循環利用物品的比例？像這樣找出「應該最佳化的變數」，才算是明確定義了該解決的問題。

2.2 「封閉體系」的困境

如前文所述，解決問題必須減少維度並使之定型，然後「畫線」。也就是說，為了使問題確定下來，變得容易解決，必須在定義「封閉體系」之後設定邊界條件。然而，「封閉體系」裡含有一種根本性的困境，那就是「使問題變得容易解決」就「容易引發下個問題」的這個兩難。這是因為，畫線會引起「固定解釋而導致解釋與事實產生差異」的這個現象。

使問題變得容易解決，在短期內容易發展，就容易導致下個問題的產生，而發展後形成的體系也容易劣化——這就是「封閉體系」的困境。

在熱力學的世界裡，有一條關於不可逆性的第二定律，通稱為熵增加定律。這個定律指出，在「封閉體系」中，尤其是與外面沒有交流的「孤立體系」中，熵這個物理量只會增加，不會減少。簡單來說，熵的增加就是指體系內的「雜亂性」增加，趨向平均化。

前文所述的組織作為「封閉體系」，同樣適用「不可逆性」的定律。成長和退化以不可逆的形式同時進行，這一點也與這個定律一致。

●「封閉體系」和「開放體系」的迴圈

就像這樣，人類透過「畫線」使工具和文明得以進化，同時也因為畫線，而變得難以邁向下一個進步的世界。人類就是在這種根本性的矛盾中不斷掙扎，生存至今。如此巨大的洪流，適用於國家、企業等組織以及其他的各種體系，我們無法違抗這個洪流。

因為「畫線」，一旦已經成為資產的那些「知」，隨著時代變遷變成了「負資產」。在那個時間點上，身為創新者的「挑戰派」，可說是一直在反覆消除自己與「主流派」那些定型者之間的畸變。這個流程可以用一個迴圈來表示，如圖2-3所示。

在渾沌狀態下，首先會出現「畫線」的人。那些人包括了準確掌握突然出現的社會狀況或自然趨勢，並將之歸納成規律和理論的學者，以及開創了能夠滿足該時代

圖2-3　「封閉體系」和「開放體系」的迴圈

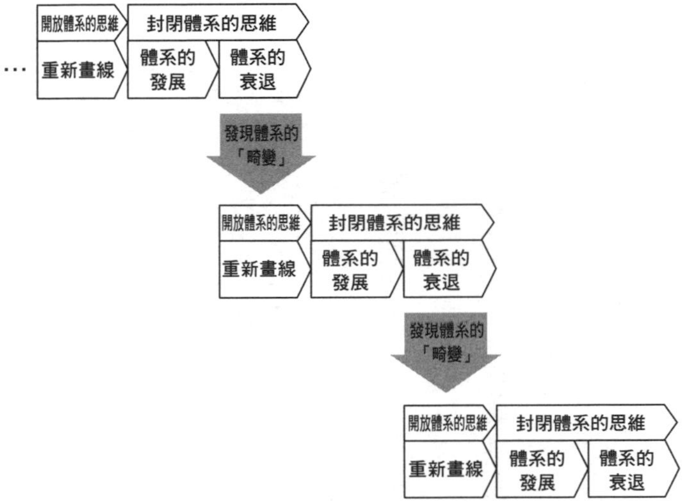

多變需求的企業或服務（等「體系」）並提供給消費者的企業家，又或是將自然聚集的民族，建立成「國家」然後施政的執政者。

受到定義的種種「體系」，會以「封閉體系」的方式開始進化，而且在滿足該時代民眾需求的同時，身為體系的完成度會逐漸提升，但這時候一定會發生「封閉體系的困境」。只要創造了定型的「封閉體系」，這種困境就絕對不可避免。因為社會和自然事象會不斷地連續變化，而管理這些事象的體系或機構則是固定的，只能做到不連續的變化。知識、產品、服務、行政單位等，都可以算是這裡所說的「封閉體系」。

因此其間必然產生偏差，出現體系本身逐漸過時退化的機制。人類就是在這樣的狀況下發展文化和文明，同時也隨之讓文化和文明衰退，然後再次出現下一個新時代的創造者，繼而促進下一個文化和文明的發展。《平家物語》中所說的「盛極必衰的道理」，其根本原因就在於這種機制。

因此，只要人類持續活動並在腦中「畫線」，那麼「問題」依然會在包羅萬象的所有場合中繼續發生。

人類憑藉高度發展的智慧解決了各式各樣的問題，然而諷刺的是，其高度發展的智慧還不斷催生出新的問題。這是一種「自己製造的問題自己想辦法解決的循環」。

●「公司」這個「封閉體系」也會成長、退化

「封閉體系」和「開放體系」，往往會經歷與商界中的企業、業種，或特定產品、技術相似的發展過程。

這是因為，草創時期的先驅大多會「在白紙上畫線」，定義「封閉體系」，透過創

造一個閉鎖性的世界來享受先行者的利益，並築起一道「牆」以牽制、阻礙後來者進入。從技術上來說，「專利」便相當於這道牆，技術也大都沒有標準化，而是以各自不同的規格做出差別。

接著，先行者會在閉鎖狀態下完成這個「封閉體系」。正因為是「封閉體系」，外界的干擾很少，所以這一階段在完成之前花的時間比較少。

然而在多數場合，「封閉體系」此時會遇到障礙，原因在於「封閉體系」的矛盾困境在這時候出現，那就是「質」的進化很快，但「量」的進化，也就是擴大的速度太慢，因而造成嚴重的負面影響。

「創建公司」是定義了「公司」這個「封閉體系」的組織，相當於定義了該公司想要解決的（社會或生意上的）「問題」。

從這個角度出發，適用於「封閉體系」的定律仍然適用於「公司」這一組織。「存在中心和階級順序」是定義並維持「封閉體系」的原則，這個原則也同樣適用於公司組織。

公司裡明確存在「具有超凡領袖魅力的經營者」「獨攬大權的創業者」這個中心，以及「組織階層」這個階級順序，而且這個中心和階級順序愈是牢固，公司就愈能快速成長。然而，這樣的結構也具有排他性、封閉性等負面層面，也容易跟不上環境的變化。

從這一點來講，以員工迅速「畢業」為前提的人力派遣公司，作為一個組織，這類公司屬於什麼樣的「體系」這點頗值得關注。如果不把這類公司看成一家公司，而是當作一個包括「畢業生」在內的生態系統來看，那麼從該體系本身往開放性方向成長的視角來看，可以說它是在日本企業中相當罕見，類似於「開放體系」的結構吧。

●同樣適用於人類的「封閉體系」的困境

「封閉體系」和「開放體系」的論點也適用於人類活動。這裡假設對外界持有強烈排他性思考方式的人屬於「封閉體系」，能夠靈活接受他人思考方式的人屬於「開放體系」。

「封閉體系」的人，便是所謂「哲學已確立的人」。從本書的「事實和解釋」這一分類而言，這類人已經為自己確立了牢固的「解釋範本」，所以面對事物時的判斷非常迅速且堅定。反過來說，面對持有不同哲學或價值觀的人或是思想，就會具有強烈的排他性。

只要想想存在我們周圍的那種「封閉體系」的人就會知道，能夠在短期內完成某件事的人，通常都是具有這種「堅定價值觀」的人。也就是說，「擁有已固定體系的人完成速度更快」的法則在這裡也適用。

同樣的，從經驗上就能理解，「封閉體系」的缺點也就是「不能夠應付完成後的環境變化」這一點，也適用於人類身上。

相反地，具有「開放體系」思考方式的人，很難構築並確立自己的世界，但他們也有優點，那就是能夠靈活地對待任何人，也比較可以避免陷入「過時退化」的狀況。

2.3 「解決問題」的困境

如前文所述，「封閉體系」存在結構性的困境，也就是容易發展，但過時退化的速度也會比較快，並且不容易跨向下一個世代。「人類的知（識）」這個「封閉體系」也不例外。

而且，這個困境也適用於「問題」。

用於解決問題的能力、價值觀，和以「開放體系」為前提的發現問題的能力、價值觀，在根本上是完全對立的，可說這就是「解決問題」的困境本質。

下面我們來實際看一看，這個困境在商業場合中是如何變成問題的。

「想開發出不被既有框架束縛的嶄新商品和服務。」

「我們所需要的人才，不是顧客說什麼才做什麼的人，而是能夠主動發現顧客的問題並提出方案的人。」

圖2-4　「發現問題」與「（狹義的）解決問題」

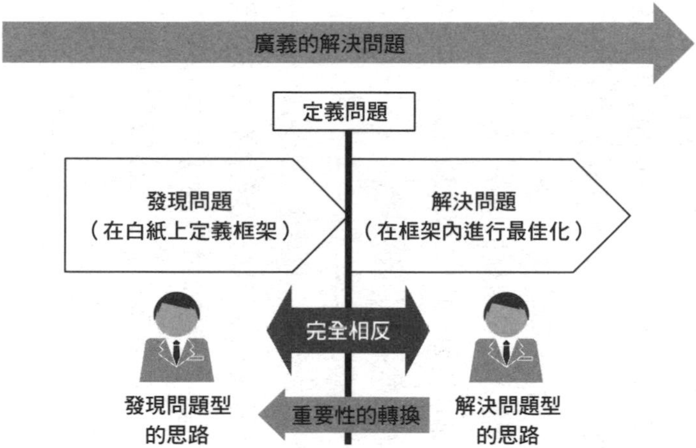

在商界中，不管哪個時代，這些話都會反覆出現，而且近年來，這些話的重要性更是逐漸增加。換句話說，隨著環境的變化和技術的創新，在商業中解決問題的重要性正從下游轉向上游。廣義的解決問題，可大致分為上游的「發現問題」和下游的狹義的「解決問題」。從這裡開始，本書所說的「解決問題」都是指狹義的「解決問題」。

針對「從下游到上游」的需求變化，以及隨之而來「從解決問題到發現問題」這個當前正需要的視角變化，我們接著就來探討為什麼需要它們，它們又是以怎樣的機制產生，以及應該如何因應。

圖2-4是以模式化方式說明，「發現問題」與狹義的「解決問題」兩者之間的關係。

這裡說的位於上游的「發現問題」，是指「在白紙上定義（問題）的這個框架」，而位於下游的狹義的「解決問題」，則是指「在『已確定的框架』內部進行最佳化」。兩者的分界線便是問題這個「框架」的定義。

以開發手機為例，「開發手機」這個問題（What）被提出之後，開發性能和功能最強的手機（How）就是「解決既有問題」。

發現顧客具有「不管在何時何地，都希望工作和生活可以變得多采多姿」的新需求（Why）後，定義「開發智慧型手機（或平板電腦）這個新類別產品」此一新問題（What）並加以實現，是發現問題→解決問題這個廣義的解決問題的流程。

換句話說，在What被提出的時候將其落實到How，是解決問題；而從Why導出What本身，則是發現問題。

再看另一個例子，開發和導入系統。當顧客提出「想製作這種規格的系統」此一希望（What）後，將系統落實到詳細規格並加以實現（How），可以說就

圖2-5　上游和下游的例子

	上游 ➡	下游
產品開發	已開發國家	開發中國家
企業的一生	新銳企業	大企業
商業類別	創新	營運
業務程序	構思、企畫	執行
營業程序	發現顧客的問題	詢問顧客需求
人的一生	孩子	大人（老人）

是屬於解決問題型的業務；而透過經營課題或系統本身，找出顧客想要解決的真正需求（Why），反過來向顧客建議「根本上您們是需要這樣系統」（What）的方式，則屬於發現問題型的業務。

●從下游的解決問題到上游的發現問題

我們再來重新思考「上游」和「下游」這兩個詞。上游和下游，指的是同一條河流在時間、空間上，位於前端的領域；和在相同時間、相同空間上，位於後端的領域。關鍵在於，本書會從「空間」和「時間」這兩個層面來研究「上游」和「下游」（圖2-5）。

首先關於「空間」，開發全球性產品的流程

很容易理解。它在空間中的流程如下：主要在已開發國家產生創新，開發出擁有新概念的新產品，然後開發中國家再加以模仿，設法降低成本（容易讓人混淆的是，一個國家從開發中國家發展到已開發國家，在「時間上的」過程中，上游和下游會發生逆轉，細節會在後文中再做交代）。

比如，一九八〇年代以前，日本為了追趕歐美，主要擅長「下游」型的產品開發。如今，這個角色則轉到了開發中國家身上。

日本現在應該扮演的角色是轉向已開發國家的類型，也就是身為領頭羊來領導創新。以往「應該解決的問題」，是在已定義的線內進行最佳化，而現在應該要考慮的則是「在哪裡畫線」。

接下來，在「時間軸」上的上游和下游，就是一個工作或企業從開始階段到最終階段這一生命週期的過程。以公司這種組織來看，透過創業而誕生的新銳公司是所謂的「最上游」，它會隨著自身成長和企業併購帶來的「人力、物力、財力」而變大，最終成為傳統型的大企業，也就是「下游」。

如果深入看一下商業的「本質」，其流程也是從開發新產品、新結構這個創新的上游階段，轉向高效率的營運下游階段。

同樣地，關於在時間軸上的上游和下游，在一無所有的階段中構思和企畫，通常屬於上游，將其落實到具體計畫上的執行則是屬於下游。

例如銷售，掌握難以捉摸的顧客需求並將需求轉變成具體的形態，便是上游；以商談方式，為顧客明確且具體的要求提供具體的商品或服務，則屬於下游。

再以人的一生來比喻，上游就好比孩子，下游就好比大人（老人）。無論組織還是社會，從上游到下游的過程，就跟人類從小孩到老人的這個過程是一樣的。

● 上游和下游是不連續的

那麼，企業中為什麼會經常發生「轉向上游」的需求呢？那是因為上游和下游的特性有很大的不同，並非簡單的連續變化，有時需要把價值觀扭轉一百八十度來思考。如此一來，人才的技能和價值觀也必須變得完全不同才行。然而這個轉變既耗時又存在種種阻礙因素，不僅如此，追根究底來說，都是因為人們尚未明確認識到這一根本性區別，這個變革才會難以有所進展。

下面就來實際看看上游和下游有著怎樣的對立特性（圖2-6）。

圖2-6　上游和下游的特性比較

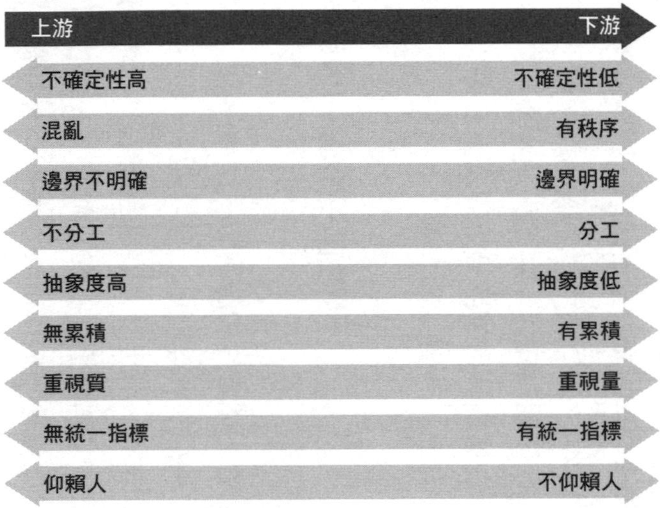

上游	下游
不確定性高	不確定性低
混亂	有秩序
邊界不明確	邊界明確
不分工	分工
抽象度高	抽象度低
無累積	有累積
重視質	重視量
無統一指標	有統一指標
仰賴人	不仰賴人

首先可以舉出上游的特徵包括，需要處理不確定性高、混亂的事物。組織及職責分擔的界線也不明確，要求一個人靈活地完成多個任務。與之相比，下游的不確定性低，任務已被明確定義，可以細分到每個部門或負責人。

上游的工作內容大多抽象度高，比如確定整體概念，或是確定大致的基本構架。相對地，下游的工作會落實到每個人身上個別實施，同時伴隨著具體的執行，所以具體性高。

此外，關鍵技術和人力、物力、財力等資源的累積，在上游時自然是從一無所有的狀態開始累積，而到了下游，就會在各方面有所累積。

至於工作本身的量，到了下游就會增多。資源的累積量也是到了下游就會快速增加。與之相比，上游更重視「質」而非「量」。

下游需要具備用以管理、考核多人的「共同指標」，而最好的共同指標，就是「金錢和時間」。與之相比，「重視質」的上游具有多個潛在的必要指標，無須具備共同指標。本來，「考慮指標本身」就是上游的工作，最佳化已經確定的指標才是下游的工作。

此外，由於上游的工作是非定型的、創造性的，所以不論是好是壞，都在很大的程度上仰賴個人的能力。「仰賴人」自然是好事——這是上游的思維方式，而盡可能做到標準化、不仰賴人，則是下游的思維方式。

這些價值觀並不一定是以「非0即1」的方式從白變成黑的，隨著從上游到下游的移動，平衡會逐漸改變，而在某個關鍵點前後，會發生明顯變化。那個關鍵點就是「定義問題」的階段。

隨著這樣的流程和價值觀的變化，上游和下游所需要的價值觀和能力也會變得「完全相反」（圖2-7）。

圖2-7　上游和下游各自所需的價值觀和能力差異

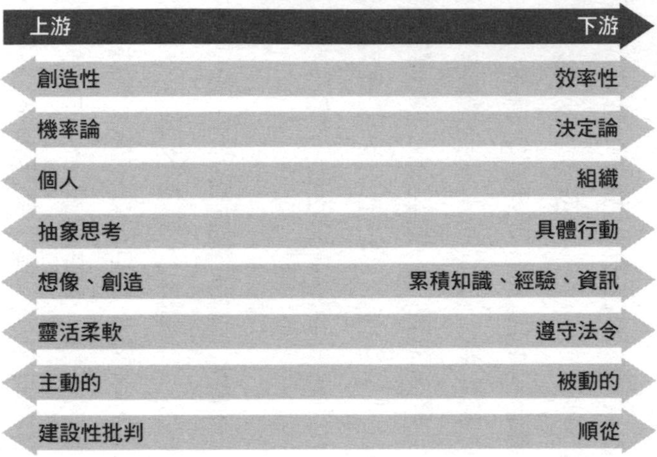

上游	下游
創造性	效率性
機率論	決定論
個人	組織
抽象思考	具體行動
想像、創造	累積知識、經驗、資訊
靈活柔軟	遵守法令
主動的	被動的
建設性批判	順從

「從零開始創造新事物」的上游，需要的是創造性。相對地，指標已經固定的下游，在指標中「使八十分的東西變成九十分或一百分」的營運需要的，則是以最佳方式解決既有問題，使指標達成最佳化的效率性。

此外，在不確定性較高的上游，重要的並非「決定論」的那種思維方式，不是詳細分析過去的資料，透過只做具有勝算的工作「來使一切走向勝利」的思維方式，而是所謂「機率論」的那種思維方式，在進行一定程度的嘗試後，穿插一定比例失敗的思維方式。

從「個人？還是組織？」這個視角

出發，在仰賴個人能力的上游，怎樣才能發揮個人的能力是重中之重。相對地，在要求多人高效運作的下游工作中，即使扼殺個性，也要優先確保組織效能的最大化。也就是說，在上游是「個人＞組織」的關係，在下游則是「組織＞個人」的關係。

在抽象度高的上游，需要的是抽象化的思考能力；在執行工作最重要的下游階段，需要的則是具體的行動力。

在技術訣竅得以累積的下游，知識量非常重要；在需要從零開始創造的上游（由於原本就沒有累積知識），需要的則是將有限的資訊與過去的類似知識組合、連結起來，從而創造出新事物的想像力和創造力。

此外，上游並未確定工作分擔，始終要求靈活柔軟的態度。而在下游，從組織秩序的角度來說，也不希望個人輕易脫離被分配的任務，所以強烈需要那種遵守規則的順從態度。

上游時刻要求主動性，因為沒有人提供指示，畢竟「發現問題」本身大都是主動的行為。相對地，在下游，為了確保組織的秩序，大都強烈要求需要具有「服從上級命令」或「切實執行標準作業程序」的被動態度。

圖2-8　以「河流」的上游、下游來比喻

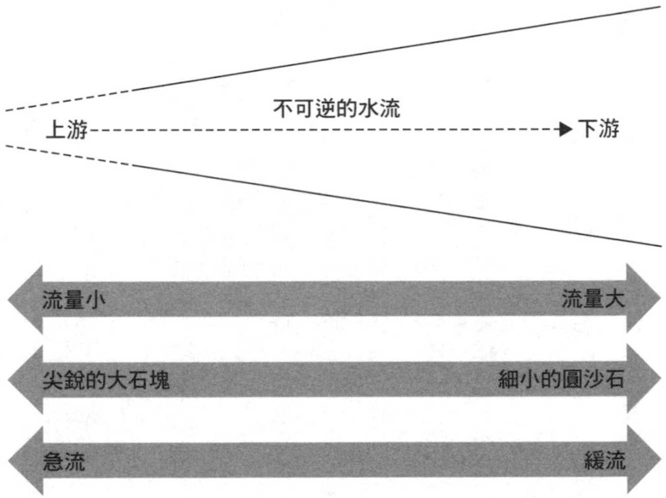

● 社會、企業、學校被最佳化為「下游」的原因

如前文所述，在當前環境下，出於種種原因，存在著轉移到「上游」的需求，因此要求相應的價值觀和能力。然而，社會、企業、學校大多已被最佳化為下游的思維方式，因此存在著結構性矛盾——儘管真正需要的是適合上游的人才，卻無法培養並充分發揮這方面的能力。

那麼，世人為何會根據「下游為主的價值觀」行動呢？此外，各種領域也發生了（時間軸上的）從上游「沖向下游」的潮流。這種情況又是以怎樣的機制發生呢？接下來，我們嘗試以河流作為比喻，來思考關於「上游」「下游」（圖2－8）。

原因1：下游總是多數派

首先，第一個原因在於河的水流（水量）會隨著流向下游而增多。也就是說，「下游總是多數派」。例如，不管是商品的企畫，還是城市、社會的設計，真正的初期計畫往往是在少數人（通常是「一人」）的腦中開始形成，直到該計畫被具體化，來到詳細的設計或構築階段，才會有多數人參與進來。

而且愈是往下游去，愈容易從原本以少數人做決定的方式，變成「少數服從多數的多數決方式」，形成根據「眾多顧客意見」和「累積的大數據」來決定的方式。也就是「多數派」的意見更容易通過。

而且在上游，河底多是「尖銳的大石塊」，而到了下游，隨著水流的「沖刷」，細小的圓石子就會變多。也就是說，下游世界是由平均化的多數人所支配。

在這種狀況下，依靠特定個人力量推動工作的上游式思維退處劣勢，可說是必然的結果。

原因2：驅動世界的下游

第二個原因在於，除了「量」的問題之外，即使從「執行和營運」這個「質」的角度來看，在驅動世界、公司、組織「運轉」的人之中，下游的人也占了絕對的大多數。人力、物力、財力等用於執行的資源，基本上存在於「下游」。這些豐富的資源並不會輕易流向「無形的」創意和創造性上，都是集中在下游這一帶流動，所以可以想像，這個世界顯然也會以下游為中心運轉。

此外，乍看之下光鮮亮麗的上游創意，大都是需要靠龐大的人力、物力、財力才能達成目標的紙上空談罷了。當然，如果這種紙上的「大創意」沒有開始啟動，當然就不會進入到執行階段，在絕大多數的情況，還是要在進入下游階段之後，創意才能具體成形。

原因3：下游的具體性比較容易讓所有人理解

第三個原因在於，下游「更容易理解」。下游有多數人參與，而且具體地「形成可見的形式」，而上游的理解難度則相對更高。下游的工作經過標準化，仰賴人的性質被排除。說得極端一些，就是內容「容易讓所有人理解」。愈往下游去，「任何人都能理解」的東西愈會被優先考慮。下游的決策基本上是「多數人決定的」，所以能夠確保多人理解的內容就會存活下來，這也可以說是必然的結果。

如此一來，上游那種比較少數「難以被多人理解」的價值觀，自然而然就沒了生存的餘地。這也是「下游化」在組織、社會中加速發展的原因，完全符合「水往低處流」的特性。

原因4：從上游流向下游的水流是「不可逆」的

「水往低處流」這句話適用於一切事物。從上游流向下游的水流是單向的，絕不會往回流，也就是不可逆的。前面所講的上游和下游的特性變化，也可以說和水流的不可逆是一樣的。

水流一旦流向效率性，就不會重新回到創造性上。一旦由多數派決定的標準作業流程發展完成，就不會再回到原來的狀態。「下游」這個狀態會無聲無息地默默發展下去。

因此在相同的體系中，走向卜游的狀態總是會永不回頭地單向發展。

如此這般，根據「水往下流」的本質特性，我們常常會在無意識中，自然而然地創造出「下游占優勢」的社會和組織。而且單一社會或公司等社會體系，也會不可逆地不斷「下游化」。

然而諷刺的是，「不可逆地變為下游」愈是發展下去，就愈會出現重新創造新河流的「上游需求」。而且，由於上游的需求與下游的特性有著一百八十度的不同，所以會潛藏著無法靠自然水流消除的結構性矛盾。這就是本書所說的「解決問題的困境」。

與此同時，為了實現著眼於「無知、未知」的發現問題，我們還要思考，上游的人才需要具備怎樣的價值觀和能力組合？社會、企業等組織要怎樣做才能活用這些人才？

在自然界，流到下游的河水會注入大海，經過蒸發變成雲，然後以雨水的形式回流到上游。在「知（識）」、組織等「封閉體系」中，這樣的「回流」是以怎樣的機制發生？如果以一句話來形容，創新便相當於「回流」，但創新的形成機制看起來並不像自然界那般順利。在PART3中，我們將探究其中的原因和解決方法。

PART 3

「螞蟻的思維」VS.「蟋蟀的思維」

從解決問題到發現問題

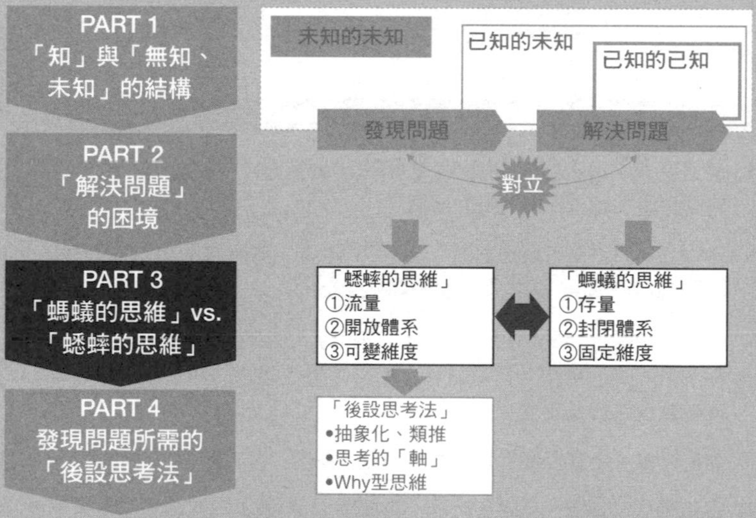

PART 3的整體概念圖

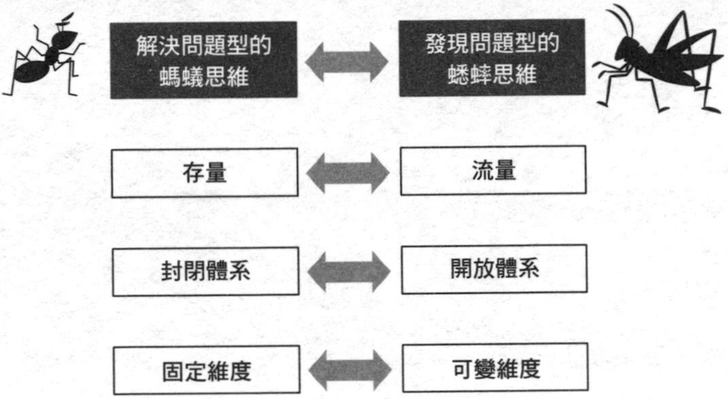

PART 3的重點

- 釐清造成「解決問題的困境」的原因，分析解決問題型思路與發現問題型思路，兩者不同的對立結構。
- 兩者的不同特徵可以歸納為「存量 VS. 流量」「封閉體系 VS. 開放體系」「固定維度 VS. 可變維度」這三個根本因素。
- 透過「視儲存為美德、有巢、在二維世界中行動＝螞蟻思維」與「視使用為美德、無巢、在二維和三維世界間往來＝蟋蟀思維」的比喻，比較兩者的行為原理。
- 彙整社會、企業中的螞蟻和蟋蟀的對立結構，尋找共存共榮的方法。
- 最後關於發現問題所應著眼的「奇異點」，則會探討用兩種思路來思考問題會有多麼重要，以及它的方式。

ＰＡＲＴ２闡述了解決問題與發現問題在思路上的巨大差異，指出了存在著「解決問題的困境」，還分析了「解決問題的困境」為何會成為導致上游和下游之間產生鴻溝的根本原因，以及社會、企業、學校均最佳化為「下游」的原因。

我們平時能夠隱約意識到，解決問題與發現問題在思路上存在著巨大差異，但往往並沒有非常明確了解。

在ＰＡＲＴ３中，我們將比較活用「無知」的發現問題思路，與解決問題的思路，點出兩者的差異，釐清活用「無知」時需要具備哪些條件。這裡將利用「螞蟻和蟋蟀」來比喻，因為發現問題與解決問題在思路上的三個明顯不同點，與螞蟻和蟋蟀的特徵是一致的。發現問題型＝蟋蟀，解決問題型＝螞蟻。

要想消除「解決問題的困境」，不能單純對表面事象和行為模式分類，而要聚焦於根本的「思路」，討論「為什麼」會形成相反的行為模式和對立結構。

此外本書還會討論，要想把活用「無知」的發現問題思路，以及蟋蟀思考法運用到企業等組織、團體時，需要具備哪些條件。

3.1 「螞蟻思維」與「蟋蟀思維」的差異

正如前文所述，用於解決問題的「下游」所需的創意，與用於發現問題的「上游」所需的創意，在價值觀和視角上有很大的不同。我們平時需要的主要是解決問題型的思維，無論學校、公司還是日常生活，大致都被這種價值觀支配著。

這種價值觀大致來說並沒有錯，但在「發現問題」的場合，就有可能變成阻礙。這就是「解決問題的困境」。因此，為了將目前處於支配地位的解決問題型價值觀，轉變為當前急需的發現問題型思維，必須徹底逆轉齒輪的轉向。從「重視知識」的思維方式轉為傾向「無知、未知」的思維方式，就是一個具體的例子。

在PART2中討論過「知（識）的困境」的產生原因，源自於「靜態定型導致的過時退化」「封閉體系」「向心力」等知識的內在本質特徵。這會直接導致「解決問題的困境」。

考慮到這些因素，思維的轉換大致上有三個重點。

- 從「存量」到「流量」。
- 從「封閉體系」到「開放體系」。
- 從「固定維度」到「可變維度」。

下面我們將嘗試從這三個視角出發，比較兩種相反的思路，討論著眼於「無知、未知」的發現問題，需要具備怎樣的思維方式。在比較兩種思路的時候，將透過「螞蟻和蟋蟀」的對比來說明。

因為螞蟻和蟋蟀在這三個視角上是各自不同的，而且從以前被認為是好的「螞蟻思維」，轉變為以前受盡白眼的「蟋蟀思維」，這樣的轉變概念比較容易理解。

● 螞蟻思維與蟋蟀思維的三個差異

眾所周知，螞蟻和蟋蟀的寓意來自著名的《伊索寓言》。在夏天辛勤勞動「累積

圖3-1　「螞蟻」與「蟋蟀」的思維差異

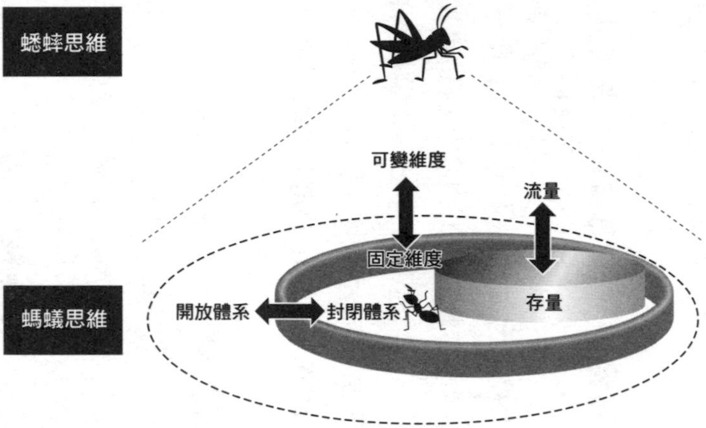

財富」的螞蟻到了冬天也不用發愁，而在夏天「唱歌、跳舞、遊手好閒」的蟋蟀則毫無積蓄，到了冬天就會陷入困境。這則寓言透過螞蟻辛勤勞動增加積蓄的行為，告訴我們存量的重要性。

接下來，本書將提出這種一直被視為理所當然的價值觀的反論。

首先舉出解決問題型思路與發現問題型思路的三個根本性差異，這就是我們用「螞蟻和蟋蟀」的對比來說明的原因。請參考圖3－1。

「儲存型」的螞蟻和「使用型」的蟋蟀

「螞蟻思維」與「蟋蟀思維」的三個差異如圖所示。

第一點是「存量」與「流量」的差異。主要的不同在於，重視的是累積經驗和知識等智慧資產的「存量」，還是重視使用之後就扔掉也沒關係的「流量」。

想想那個著名的《伊索寓言》故事，很容易就能明白，「儲蓄型」的螞蟻是屬於存量思維，而「擁有之後就立刻用掉」的蟋蟀則屬於流量思維。在《伊索寓言》中針對的對象是財產，即「金錢」。相較於擁有之後就立刻用掉的蟋蟀，螞蟻則是把以備不時之需的積蓄視為美德。這就是兩者的價值觀差異。

若是把「金錢」當成「知（識）」來看，本書所說的重視知識，就是把知識當成「存量」的思維方式，而重視「無知、未知」並非輕視知識本身，是為了產生新知識，即使用過之後就扔掉也沒關係，也就是所謂的「重視流量」的思維方式。這便是我們透過「螞蟻和蟋蟀」的對比來比較，解決問題型思路與發現問題型思路的最大理由。換句話說，這兩種思路的差異也可以說是，「從已知事物來思考」還是「從未知事物來思考」這兩點。

「有巢」的螞蟻和「無巢」的蟋蟀

第二點是「封閉體系」與「開放體系」的差異。簡單來說，兩者的區別在於，是根據自己的常識和判斷基準給事物「畫線」，「將內側與外側分開思考」，還是「原封不動（不畫線）地看待所有事物」。有「巢」的螞蟻，會將「組織的內與外」「常識與非常識」明確地區分開來思考。相反的，「無巢」可歸的蟋蟀則「不會畫線」，一視同仁地看待事物。

「二維」的螞蟻和「二⇕三維」的蟋蟀

第三點是「固定維度」與「可變維度」的差異。簡單來說，就是基本上只能進行前後或左右這種「二維」動作的螞蟻，與必要時可以選擇「跳躍」這種「三維」動作，「能在二維和三維之間自由往來」的蟋蟀的區別。這裡所說的維度，指的是「對象問題的變數」。把變數的種類固定下來思考的是螞蟻，增加或減少變數種類，以變化變數種類來思考的是蟋蟀。

總結上述思路的三個差異得知，「重視解決問題」的螞蟻「重視存量」，並且在

「封閉體系」內以「固定維度」方式思考；蟋蟀則「重視流量」，在「開放體系」內以「自由增減維度」方式思考。

在後面的章節中會針對這三個差異和行動模式差異，逐一具體解說。

●判斷是螞蟻還是蟋蟀的檢查表

你或你周圍的人，是具有「螞蟻思維」，還是具有「蟋蟀思維」？哪一方的傾向更強？

請使用圖3-2的檢查表，確認自己（或周圍的人）是屬於哪一種類型。

總分在正20和負20之間。以下分數可當作一個大概的判斷標準：如果是低於負10分的人很明顯具有「螞蟻型的思路」，高於正10分的人則明顯具有「蟋蟀型的思路」。

根據檢查表的內容，總結一下導致「三個思路差異」的行為特性，可以得出螞蟻與蟋蟀的差異如圖3-3所示。

請逐一觀察，看看這些思路和行為特性上的個別差異，究竟是以什麼樣的對比方式呈現出來。

圖3-2　判斷是螞蟻還是蟋蟀的檢查表

	螞蟻	完全吻合 -2	部分吻合 -1	兩種均不吻合 0	部分吻合 1	完全吻合 2	蟋蟀
1	擅長團隊合作，深受前輩青睞						個人主張強烈，也會與朋友或前輩發生衝突
2	對數字敏感						對數字不敏感
3	即使在不利環境中，也一定會努力擺脫困境						一旦環境不利，就會立刻尋找其他環境
4	是「某個領域的專家」						任何領域都插一腳，不具備專業性
5	對法律和規則很熟悉						對法律和規則很不熟悉
6	交給自己的工作總是切實地完成						如果覺得工作本身毫無意義，就會將其推翻
7	首先重視「眼前的現實」						重視「崇高的理想」多過眼前的現實
8	對穿著和措辭比較嚴格						不介意隨便的穿著和措辭
9	不管在學校還是社會，總是遵循「主流」						不管在學校還是社會，總是非主流，或是「旁門左道」
10	總是比常人付出多一倍的努力						拚命思考「如何才能輕鬆享樂」

圖3-3　螞蟻與蟋蟀的差異

螞蟻	蟋蟀
優等生	劣等生
大人	小孩
專家	外行人
組織的成員	自由者
團隊合作	個人單打獨鬥
一本正經	異端分子
務實者	夢想家
農耕型	狩獵型

當然，螞蟻和蟋蟀不一定像「非0即1」那樣能用數字徹底分割開來，兩者的要素在每個人身上都是同時存在的。而且在一個人的人格當中，會根據場合區分使用兩者的功能。例如在工作中，可能蟋蟀要素更明顯，而在家庭中，則是螞蟻要素更明顯。

正如圖表3-3中所示，蟋蟀是「小孩」，螞蟻是「大人」，隨著時間流逝，曾是蟋蟀的要素往往會變成螞蟻的要素。

螞蟻是存量型思維，這意味著一個人一旦開始累積一些東西，就很可能從蟋蟀型思維變為螞蟻型思維。隨著年齡增長，人會逐漸累積經驗，建立地位和財產，增強專業性，提升自己對組織、團體的歸屬感——這些都是推動蟋蟀型思維轉向螞蟻型思維的主因。

本書將基於這樣的背景，比較兩種思路。

此外，本書之所以使用各種形式，在「二分法」的結構下討論，是為了將那些要素明確地區分開來當成不同的視角，釐清各場合的論點及視角，避免無用的對立，各盡其才地活用各個特性。

後文還會談到，「二分法」的視角與單純的「二選一」視角有很大的不同。本論點並不是針對「是螞蟻還是蟋蟀」這樣單純的「是0還是1」的二選一討論，而是在提出「解決問題」和「發現問題」中的視角。希望讀者能夠充分理解這一點，然後再去閱讀後面的論述。

本書不會將兩者理解為表面的對立事象，而是會根據兩者的思維和行為模式是起因於「思路的三點差異」這樣的前後關係，配合兩者思維的結構性理由來解釋兩者「為什麼」會發生差異。

思路的三點差異未必是完全獨立的，下面就對三點差異大致分類，說明彼此的不同。

3.2 從「存量」到「流量」

首先闡述第一點「存量」與「流量」的差異。

《伊索寓言》裡「螞蟻和蟋蟀」的故事，描寫了在夏天辛勤儲存糧食以備冬用的螞蟻，以及在夏天有什麼就用什麼，結果到了冬天沒有任何積累的蟋蟀。也就是說，螞蟻重視「存量」，蟋蟀重視「流量」。

●當螞蟻的美德瓦解時

在這則寓言裡很明顯地暗喻著，「螞蟻是好，蟋蟀是不好」的這個層面。然而在當代環境中，這個關係有時會發生逆轉。例如，為了產生能夠擺脫因循守舊狀態的「破壞性創新」，需要將以往的積累歸零，在「零基礎」上思考。要想實現「在白紙狀態下思考」，關鍵剛好就在於能否將以前作為存量所累積的資產全部拋棄。而且這裡所說的存量，一般是指包括「人力、物力、財力」，即人力資產、物質資產和金融資產在內的品牌、技術訣竅等。

在解決問題的階段，資源是不可或缺的。問題的解決方案確定之後，要想落實到執行並取得成果，「人力、物力、財力」自然不可缺少，而且通常是「愈多愈好」。所以，螞蟻才會有在平時把能累積的東西儲存起來的想法。

再加上發現問題與解決問題，存在本質上的結構差異，使得商業中智慧資產的知識定位，也正從「重視存量」轉變為「重視流量」。

環境變化對此影響很大。首先能夠舉出的一大原因，是資訊及通訊科技的發展。由於網際網路和雲端儲存技術的突飛猛進，能夠在網路上隨時搜尋知識和資訊這些共同財產的趨勢，變得愈來愈明顯。這是因為，「作為存量的知識」不再由企業個體和個人把持，而是由共同倉庫的雲端和網際網路來儲存。也就是說，對於企業個體和個人而言，知識和資訊從「儲存」變成了「使用」。

SNS（社群網路服務）的普及，也使得交流中的資訊從存量變成流量。社群軟體的「時間軸（timeline）」是把資訊當成流量，「在過去的存檔中尋找曾經問過的問題答案」是存量型的思維，而「再問一遍能更快得到答案」則是屬於流量型的時間軸的思維。

此外，當代商業環境的變化顯著加快，也加速了「知識的流量化」。在變化極少的環境裡，以「因循守舊」的方式思考，大多能得到好的結果，所以存量型的思維是有利的。而在變化激烈的世界裡，「過去知識」的價值會相對降低，如此一來，需要在各方面把知識和資訊當作流量的場合就會增多（「新鮮蔬菜」不可能儲存到整個冬天的量）。

當然也有人認為，透過網路得到的知識沒有什麼大不了。這種意見自然不無道理，但尤其是關係到「事實」或「可重現」的知識，這些知識在網路上肯定會非常快速地增加，所以，確實存在著往這種方向發展的趨勢。

●「有產者」與「無產者」的區別

存量思維與流量思維的不同，會呈現出以下的差異，不管在哪方面，一方是從「現有東西」來思考，另一方則是從「現在沒有的東西」來思考。

重視存量的思維，就是所謂「有產者」的思維。不管是知識或物品，總之螞蟻已經累積了一分財產，所以會思考「怎樣才能最大限度地運用現有的東西」。這自然就成了「重視守護」的思維。以知識的世界來說，這樣的思維很難朝向顛覆既有定論的方向發展，因為一旦那樣做，自身地位這個存量就會受到威脅。

在商業世界中，最先需要考慮的是如何最大限度地活用既有的顧客、技術、工廠設備等「現有的東西」，所以很難產生引入全新結構的想法。由於重視「現有的知識和經驗」，無時無刻都會意識到「去年的成績」和「競爭對手的例子」，將一切事物的「積累」都視為美德，所以總是因循守舊地思考問題。

目前已在業界內建立起一定地位的企業，自然是「螞蟻型思維」，即使在同一家企業內部，比起弱小的事業部，擁有強大產品的事業部，也會有更明顯的螞蟻型思維。品牌也一樣，已經擁有「口碑和名聲」的組織或個人，會想方設法地守護這些東西。因此，「無法從過去的成功經驗跳脫出來」也是螞蟻型思維的弊端之一。

螞蟻始終認為，自己現在所屬的組織或業種，其規則、常識、社會規範都是「理所當然」。對於螞蟻而言，它們就是思維的「牢籠」。

相反的，流量型的蟋蟀是「無產者」的思維，他們的意識都是從「現在沒有的東西」出發，指向未知的事物。蟋蟀對「囤積」毫無興趣，總是覺得「使用才有意義」。對於蟋蟀而言，儲存在網際網路上的存量資訊大概是絕佳的「食物」吧。

此外正如前文所述，兩者的結構未必一定會簡單地分成「螞蟻型思維的人（或組織）」和「蟋蟀型思維的人（或組織）」。例如，光以個人來說，即使他（姑且不論好壞）在自己的「外行」領域裡能夠進行蟋蟀型的思考，一旦在自己的專業領域或「有東西要守護」的領域中，往往就會不可避免地變成「螞蟻型思維」。

因此，並不是說「創業家」就能一直秉持蟋蟀型思維。一旦事業步入正軌，業績和組織規模擴大，自然就會變成「有產者的思維」，然後在不知不覺間徹底變成螞蟻的守護型思維，或是由於無法適應或不想適應而變成「連續創業家」，離開自己創建的這家公司，重新回到能夠活用蟋蟀型思維的創業階段。

也可以將兩者的區別解釋為，一種是喜歡定居的農耕型思維；另一種是不喜歡定居，喜歡不斷搜尋新獵物的狩獵型思維。

●從「未知」＝「不知道」開始思考的蟋蟀

在安定的時代中，螞蟻的存量型思維是有利的，但是缺乏變化。一旦到了變化劇烈的時代，就像好不容易累積的金融資產瞬間化為烏有一樣，知識資產也有可能一下子變得毫無用處。

在環境變化迅速的世界裡，無法避免知識資產陷入過時退化的狀態。

對於某個時代或領域的專家而言有用的知識資產，到了下個時代反而會變成「負擔」。正如「行李多的人」搬家很麻煩，這與「動作遲鈍」的結構是一樣的。

像螞蟻這樣對變化表示抗拒，原因正在於「存量型思維」所導致的巨大「慣性」。

在這方面，流量型的蟋蟀更加靈活，能發揮「無產者的優勢」，靈活地因應變化。螞蟻的思維是「守」，蟋蟀的思維是「攻」。會有這樣的差異，在很大的程度上是因為螞蟻有「要守護的東西」，而蟋蟀「沒什麼要守護的東西」。

螞蟻會從「知道自己能做到的事」開始確實執行，但對於蟋蟀而言，「已經知道自己能做到的事」便不再是感興趣的對象。蟋蟀之所以在旁人看來「缺乏毅力」，原因便在於此。

因此，從「知道的事」開始思考的是螞蟻，從「不知道的事」開始思考的是蟋蟀。蟋蟀的好奇心總是朝向「新的未知事物」，即便在運用知識的時候，他的目標也非常明確，追根究底就是「為了創造出未知事物」。因此我們可以清楚知道，蟋蟀的思維更適合「在白紙上定義框架」，也就是更適合在發現問題的階段中進行零基礎思考。

對「現有事物」強烈執著的螞蟻態度，在解決問題時很有用，但在發現新問題的時候，反而會產生負面作用。

● 累積「已知」＝「知（識）」的螞蟻

對螞蟻而言，了解「現有巢穴的複雜結構」是他的最大優勢，而且巢穴的結構愈複雜，就愈能跟其他螞蟻拉開差距。如果將此類應用推到業界知識上，也可以說，在規範嚴格的產業中，能夠洞悉規則，是在那個領域生存下去的最佳方法。對於螞蟻而言，洞悉現狀的複雜結構就是生存技能。

組織中的規則、人脈、權力鬥爭愈複雜，熟悉「業界情形」「公司內幕」的人就愈強大，愈有機會晉升，這樣的封閉性組織，也非常吻合上述的類推概念。

對螞蟻而言，「存錢」很重要，除了以備將來之用，也能用來提高自己的地位。相對而言，蟋蟀則認為「使用才有意義」，會把現有的東西統統用光。這就是兩者在思路上的根本差異。

累積經濟物質的螞蟻與蟋蟀的性格差異，同樣適用於「累積智慧」，也就是累積知識。從螞蟻的思維來看，辛勤地不斷學習知識並累積起來，是對下個時代的最大儲備。也就是說，重視累積「知（識）」的螞蟻，看著過去的成功法則和經驗的「存摺餘額」時會暗自竊喜。

然而，認為「使用才有意義」的蟋蟀可不會這樣想。換個季節就會歸零的蟋蟀，可以說「連隔夜的知識也沒有」。

對螞蟻而言，「過去的來龍去脈」很重要。過去的事永遠不會忘記，因為現在就存在於過去的累積之上。相反的，蟋蟀不會留戀過去，他只會考慮「當前」的事，決斷總是不厭其煩地「變來變去」，做出符合當時最好的選擇。這裡也明確地呈現出「存量思維」與「流量思維」的區別。

3.3

從「封閉體系」到「開放體系」

接下來說明思路的第二點差異，也就是「封閉體系」和「開放體系」之間的差異。將PART2所討論的「封閉體系」與「開放體系」的差異，跟螞蟻和蟋蟀的概念連結起來，可以說就是「以巢穴為中心活動的螞蟻」與「沒有巢穴的蟋蟀」的區別。就解決問題而言，「在框架內思考」是「封閉體系」的思維，跳脫框架思考是「開放體系」的思維。

在「封閉體系」內思考時的思路有兩個特徵：①「觀察對象已被畫『線』」，以及②「存在內外之分」。也就是說，「封閉體系」的思維是向內的。這裡的「內」和「外」，指的是「包括自己」和「不包括自己」。也就是說，「封閉體系」總是以「主觀」為中心思考，「開放體系」則擁有客觀看待自身的視角。

相反的，「開放體系」不畫線，沒有內外之分，思維總是向外的。思路的各種差

圖3-4　「封閉體系」與「開放體系」的思維差異

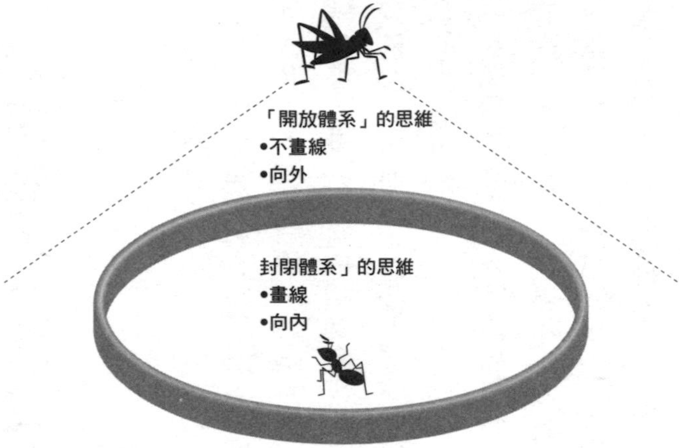

異如圖3-4所示。

●「畫線」的螞蟻與「不畫線」的蟋蟀

在思考「知」「無知、未知」的時候，「畫線」的意義正如PART2的說明。下面再來重新確認螞蟻和蟋蟀有著怎樣不同的思路。

螞蟻畫線思考，蟋蟀不畫線思考，其示意圖如圖3-5所示。

在圖3-5中，位於下方中間的是不包括個人解釋在內的具體「事實」本身，對「事實」的解釋各不相同。

對於這些解釋，螞蟻是透過畫線明確

圖3-5　「畫線」的螞蟻與「不畫線」的蟋蟀

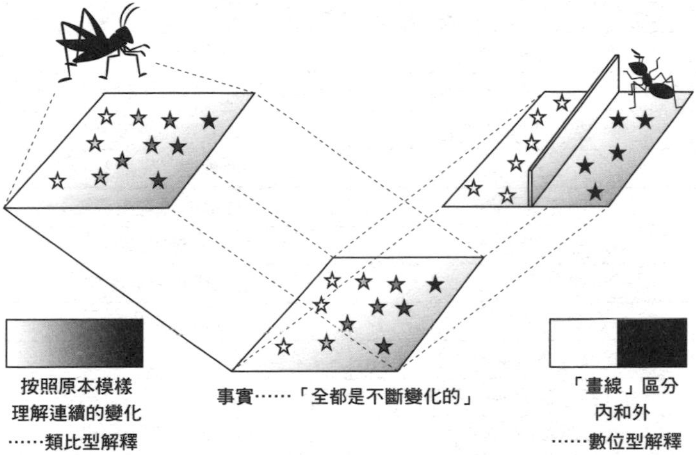

區分「內和外」來加以認識的，而蟋蟀則故意不畫線，按照原本的模樣直接理解。可以說，螞蟻的事物觀（非0即1般的二元視角）是數位型（digital）的，蟋蟀的事物觀（連續變化的視角）是類比型（analog）的。

其他例子還有前文所述的「業種」「組織」的畫線。對螞蟻而言，商業中的企業或個人活動的重點在於「那是屬於哪個業種或組織的活動」。如果該組織的結構是由不同的部門負責不同業種，那麼，只有明確定義了具體的負責部門，螞蟻才會付諸行動。

相反的，不論好壞，蟋蟀都是靈活且隨機應變的。面對無法明確定義是

圖3-6　「封閉體系」與「開放體系」的差異

「封閉體系」	「開放體系」
存在「牆的內外」	不存在牆
區分「常識」與「非常識」	字典裡沒有「常識」和「非常識」
數位型（非黑即白）	類比型（均為灰色）
二選一	二分法（光譜）
存在著中心	不存在中心（均為等距）
使用既有的軸	努力想出新軸
排除奇異點	透過奇異點得出軸
讓對方配合自己	嘗試懷疑自己
決定論（重視必然性）	機率論（重視偶然性）
在「近」的領域內思考	同時以「近」和「遠」的視角思考
急速發展，急速衰退	緩慢發展，緩慢衰退
過程不可逆	過程可逆

哪種業種的顧客，蟋蟀首先會洞悉該顧客的特性，然後若有必要，就會欣然地「重新畫線」（重新定義組織）。「封閉體系」與「開放體系」的具體差異經過整理後，如圖3-6所示。

下面分別解釋這些特徵。

PART2中曾講過「畫線」的功過。

下面舉出幾個對觀察對象畫線的例子。第一個是已經說過的「常識」和「非常識」的區分。孩子在長成大人的過程中，應該掌握的最重要東西之一就是「常識」，但常識必然會隨時間而過時退化。

例如，以前除了電話之外，人與人

之間還會用電子郵件聯絡，用來補充電話聯絡上的不足，正式的委託使用電話來聯絡是屬於「常識」，只透過電子郵件來通知重要事情則屬於「非常識」，所以大家在電子郵件中，才會經常用「以郵件聯絡，真是失禮了」這樣的開場白。

然而隨著時代改變，現在這一代的人，生活在電子郵件已經成為「常識」的環境裡，認為打電話有可能妨礙到私人時間而討厭透過電話交流的人，逐漸成為多數派。由此可見，所謂的「常識」終究會隨時代或狀況而改變，可是很多人卻把透過畫線完成的「常識和非常識」奉為金科玉律。

螞蟻將那些符合自身群體價值觀的現象，當成「常識」予以肯定，對其外側的現象則視為「非常識」予以否定。相對而言，蟋蟀會把所有現象當作連續的變化去理解，所以在思考時不會有明確的常識與非常識之分。意即蟋蟀的字典裡，不存在「常識」和「非常識」這兩個詞彙。

例如，螞蟻會將自己無法理解的新一代人行為視為「非常識」，而做出二選一的判斷，不是要求對方改變那些行為，使之進入「常識世界的內側」，就是否定地拒絕對方。相對地，蟋蟀只會覺得「有那種傾向的人正在增多」，淡然地理解現象的變化，既不否定也不肯定。

以語言來形容，螞蟻的思維就是固執於「正確的用法」。語言這種東西是隨著時代而變化的，但螞蟻會用線畫出「語法」等「正確的用法」，思維局限於固定的視角。即使是很多人使用的「慣用讀法」的詞彙，螞蟻也始終會從語法的角度去判斷，堅持「這樣才是正確的」。

相反的，蟋蟀對此不會覺得正確或錯誤，而是會以「有20%的人正在使用這個詞」「最近像這樣說話的人愈來愈多了」之類的形式，如實地、連續性地掌握原本的事實，不在其中「畫線」。蟋蟀對變化很敏感，同時會靈活應對，而且能夠迅速意識到螞蟻所畫之線的矛盾之處。

●重視「中心和階級順序」的「封閉體系」

外框和中心確定的「封閉體系」，會受到「向心力」的作用。其中存在明確的「依據」，也就是有如「巢中蟻后」般的中心。

這種向心力愈強，作為「封閉體系」的排他性就愈強。因此，為了提升體系完成度的速度會加快，但相反的，排他性會導致體系遲遲不能適應外部環境的變化，可說功過參半。這與本書一貫主張的「體系的不可逆性」所引發的困境有關。

當存在著這種中心的情況，「階級順序」就非常重要。

將組織看作一個體系應該可以比較容易理解。例如，無論國家還是組織，在「向心力」很強的獨裁國家，或是在領袖魅力超群的經營者所領導的組織中，他們所依據的價值觀很明確（獨裁者的「哲學」），同時人多牢固地維持著那個價值觀的中心思想，也就是「階級順序」。

螞蟻的組織就是如此，蟻巢存在著「蟻后」這一中心，也存在蟻后、兵蟻、工蟻這樣明確的階級順序。這也直接反映出，在經營「巢穴」這種「封閉體系」時，最適合的就是螞蟻的那種「思維」和「行為模式」。

在「封閉體系」中不存在「下克上」。不難理解，以維持秩序為最優先考量的封閉組織，如果這種不可逆發展的程度愈高，大都會愈快確定好「階級」。通常，在傳統的大規模官僚型組織中，進公司時的學歷或最初被分配進入的工作單位，幾乎就決定了此人在該公司的整個職業生涯。以「閉關鎖國」和「士農工商」制度為象徵的江戶幕府，之所以能維持日本史上罕見的「長期政權」，絕非偶然。

反之也不難理解，將這樣長期安定的組織或社會全部歸零的創新者，大多奉行

「不根據身分來選用人才」的宗旨。

此外，在螞蟻「封閉體系」思維中的「內和外」，指的是明確區分自己所在的一邊與自己不在的另一邊。因為有巢穴，螞蟻會盡心竭力地守護內側。螞蟻總是會根據組織的邏輯，以及上一節所述的存量型「有產者思維」來行動。螞蟻的思路就是透過畫線區分「對方」和「己方」，始終以「己方」為中心思考事物，否定、排除並規範「對方」。

相對而言，蟋蟀沒有「巢穴」，所以不會帶著先入為主的觀念去看待事物。不會出現「支持或不支持哪一方」的問題，而會先從中立的視角開始觀察，這就是蟋蟀的立場。

對生活在階級順序之中的螞蟻而言，中心就是一切的頂點，「服從蟻后」是絕對不變的金科玉律。要想有效率地維持組織，需要大量「懂得依附權勢」的成員。螞蟻不會破壞隊伍，基本上會「仿效前面的螞蟻」。相對地，基本上屬於向外且高度自由，（在螞蟻看來）「任性」的蟋蟀，不習慣團體行動這種行為。會出現什麼樣的工作風格，與本身依據的前提條件和思路有著密切的關係。

圖3-7　「二分法」與「二選一」的區別

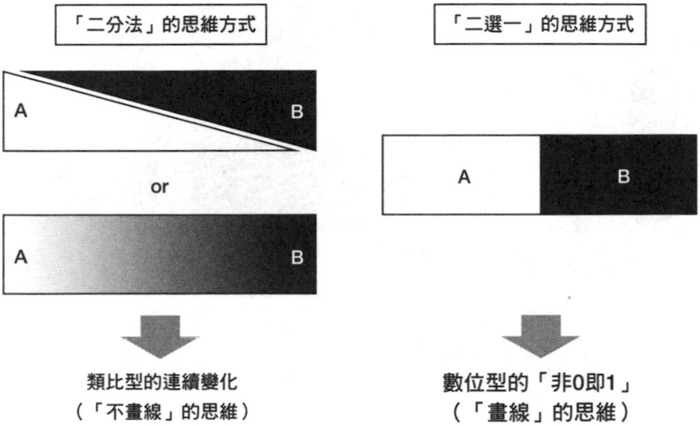

●「二選一」的螞蟻與「二分法」的蟋蟀

螞蟻會「畫線」，蟋蟀「不畫線」。我們再從其他角度來分析兩者的思維差異。透過畫線明確區分蟻巢內外的螞蟻，容易形成「二選一」的思維。

在這裡，經常與二選一混淆的是「二分法」的思維方式。

所謂二分法是指在解釋事物時，將兩個相反的概念設為像是「兩極」這樣的軸，以這樣的思考視角來思考的方式。本書中也出現多種二分法的思維方式，比如「發現問題和解決問題」「螞蟻和蟋蟀」等，它們剛好提

圖3-8　「二選一」是下位概念，「二分法」是上位概念

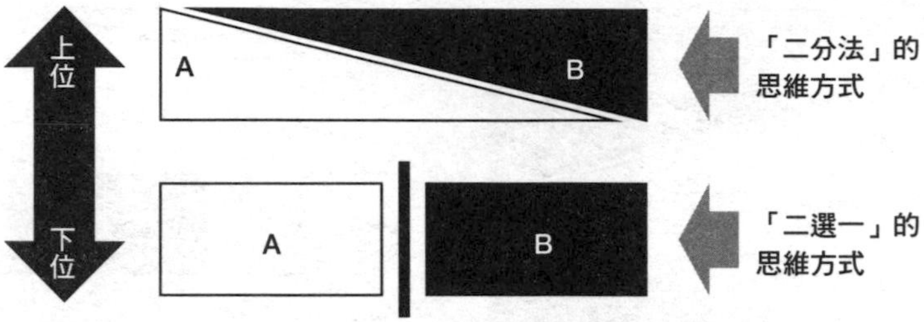

供了「用來思考的視角」。

二分法與二選一的區別如圖3-7所示。所謂的二分法，簡單來說就是明確地設定好「對立軸」，但這未必意味著「所有事物都可分為兩類」，而二選一的思維，則是認為所有事物都可分成兩類。

透過二分法，可以明確設定好思考的軸（視角）。

換句話說，為了表現「灰色的程度」，如果確定了「黑」和「白」這兩個極端，就能透過一個坐標軸和它的值（程度）來表現出那個灰色是「何種程度的灰色」。這便是前文所述的「畫線思考」的思維，與「不畫線按照原本模樣理解」的思維差異。

正是這些差異，導致了人們是以個別具體的

方式理解事象，還是將事象當成「概念」來理解的差異，也就是說，到底是透過上位概念來理解，還是透過下位概念理解的差異（圖3－8）。這些思維差異將在PART4詳細說明。

●日本人的優缺點都來自「封閉體系」的思路

如果要問日本人的思路到底是屬於「封閉體系」還是「開放體系」，從「村落社會」和「島國根性」這些可以代表日本人思路的詞彙就可得知，日本的思路無疑是屬於「封閉體系」。

例如，以日語這個語言來說，全世界懂日語的人和不懂日語的人，分布方式是屬於「數位型」的。在日語能力這方面，幾乎完全呈現為「會的人」和「不會的人」這種兩極端的方式吧（就整體而言，會日語的「外國人」屬於極少數派）。

相對地，以英語能力來說，假如當地人的能力是一百分，那麼全世界可說是連續分布著「二十分」「五十分」「七十分」等「破英文」的人。也就是說，英語是「開放體系」型的語系。

此外，「鬼在外，福在內」這句諺語也象徵性地表現出日本人的思維模式，這句話明確地意識著「內和外」。「鬼在外」表明了希望鬼出去，但是如果從「開放體系」的思維來看，就會出現「出去的鬼自有其用」的想法。

再比如說，依照商界習慣，向其他公司的人提到自家公司的人，不會在姓名後附加敬稱。這種思維方式也是一種代表性的「封閉體系」思維，透過畫線方式明確區分出公司的內和外。

在開放式創新和外包日益發展的過程中，如此明確畫線的思維方式，很多時候會產生偏差。

這樣想來，對擅長「在封閉體系內思考」的日本人來說，「將固定框架的內部最佳化」可以說是絕佳的成功模式。以日本特有方式進化的產品和服務，被揶揄為「加拉帕戈斯化（Galapagosization）」，容易得到「這是在日本以外並不通用的特有規格」等負面評價，但同時也不乏「框架內的成果非常出色」這樣的評價，可見這種封閉體系內的思路也發揮了不少優勢。汽車、電器產品等也是如此，當被套上「產品」這個「外框」時，將外框內部最佳化就是典型的成功模式。過去的日本企業，充分地呈現出「封閉體系」的優點和缺點。也就是說，日本人所擁有的傳統思路，擅長的是「解決問題」而非「發現問題」。

在研究今後的商業趨勢時，「全球化」「社會化」等關鍵字不容忽視，而它們無一不是以「開放體系」為前提的。此外，包括資訊通訊技術的領域在內，「雲端」「平臺型商業模式」等概念的重要性日益升高，而這些概念均需要定義新的體系，所以要求「重新畫線」的思維。透過這些觀點不難看出，發現問題型的思維，也就是「蟋蟀的思維」將變得愈來愈重要。

「公司內部SNS」的自我矛盾

因為推特、臉書等SNS的出現，在全世界呈現爆炸性普及的「社交」風潮，從大的意義上來說，意味著人際交往和溝通正逐漸從「畫線」的封閉體系轉向「線被擦掉」的開放體系。

具體來說，把各種維度下的分界，包括「公司內部」與「公司外部」的分界，「私人」與「工作」的分界，「在校生」與「畢業生」的分界，「上級」與「下級」的分界等「線」擦掉，是「社交」的基本思路。

臉書創辦人祖克柏（Mark Zuckerberg）在二〇一〇年一月於美國洛杉磯舉辦的

活動現場中表示，「個人隱私已不再是社會規範。」人們對此評價不一，但這句話也證明了，SNS的根本是沒有公私之分的哲學。這句話的內涵與社交的基本思路是一致的。

從這個意義上來說，近年來為了改革企業內共享資訊的方式，而被很多公司導入的「公司內部SNS」，從開放體系／封閉體系的維度來看，實在是一個很複雜的工具。

「公司內部」這句話，明確地表現出「（與公司外部之間的）牆」的意識，SNS則意味著「開放體系」。這兩個字結合起來本身就顯得非常矛盾。

當然，這個工具是將舊有的「封閉體系」資訊共享系統，置換為最新的（就資訊通訊技術而言）SNS系統。這一點是可以理解的，而且其出色的效果也不難想像。

只不過，就SNS的本質，亦即從「封閉體系」到「開放體系」的「哲學轉變」這點來看，「局限在公司內部的社交活動」可說是極為不到位的次級品。

「橫向串聯」「跨部門溝通」是「封閉體系」的思維

在縱向領導關係牢固、本位主義盛行的組織裡，常常能看到橫跨組織，也就是「橫向串聯」「跨部門合作」的工作。然而，這些工作中仍殘留著「封閉體系」的思路，「各組織之間依然存在著一道牆」。因為這樣的交流中仍然殘留著必須串聯起來的「串」的基本結構，以及「部門」的限制。

如果目的是真正意義上的打破障礙，就要求思路本身必須轉變為「開放體系」，因為本次的例子並沒有這樣的思路轉變，因此可以說是一個呈現自我矛盾的範例。

命名為「國內」「海外」事業部就屬於「封閉體系」

如今，全球化正在日漸發展。乍看之下很容易以為全球化＝「開放體系」，但事實未必如此。從組織的命名方式即可窺見一斑。日本企業中常見的「國內事業部」「海外事業部」等命名，就是存在「中心」，以及畫線的典型「封閉體系」思路表現。

總而言之，這樣的命名就是在區分日本與「日本以外」，而全球化則是以「開放體系」為前提思考，將所有一切都看成是同等距離。從這一點來看，將所有地區以均等距離（考慮到營業額和公司優勢等因素，強弱之分是免不了的）編制組織，才

圖3-9　透過解釋看待事實，還是透過事實創造解釋

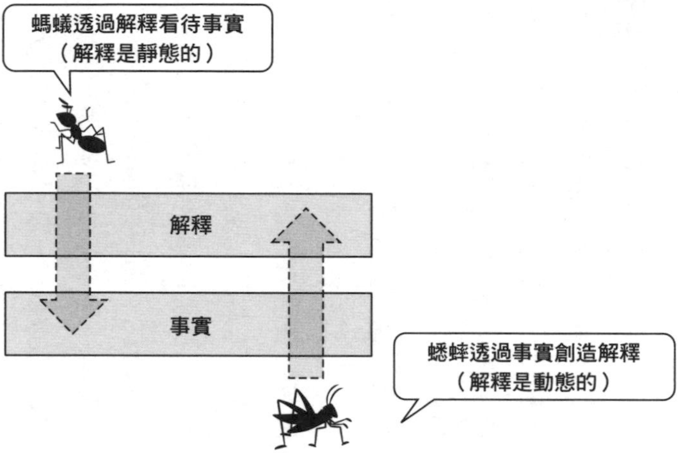
螞蟻透過解釋看待事實
（解釋是靜態的）
解釋
事實
蟋蟀透過事實創造解釋
（解釋是動態的）

能稱為真正的全球化。

透過前面提到的SNS、橫跨部門活動、全球化等例子，就可以看出一般的公司組織，有著多麼深的「封閉體系」思路。即使進行新的嘗試，一切思路還是和原來一樣。

透過解釋看待事實的螞蟻，與透過事實創造解釋的蟋蟀

「封閉體系」的優點和缺點均在於「畫線」解釋事物。根據PART1的討論，畫線發生於解釋層面而非事實層面。因此，螞蟻和蟋蟀對事實和解釋的看法存在著極大差異（圖3-9）。

對任何事情都會畫線思考或將畫的

線當成金科玉律的螞蟻，會透過固定的解釋去看待事實，拿事實配合解釋。螞蟻把「規則」「組織的邏輯」或「世間的常識」當作判斷基準，一旦現實中發生的事象與判斷基準相違背，就會表現出改變事實以配合解釋的態度。

相對而言，蟋蟀並不會畫下解釋的線，而是按照原本模樣去理解事實，如果覺得解釋不通，就會配合事實創造新的解釋。這裡所說的「事實」，不一定意味著「實際存在過的」，而是指去掉PART1所定義的「零維」解釋，不含那個解釋的原始資訊或事象（創造性活動未必全部「基於事實」）。

蟋蟀若是覺得「現有的規則」「世間的常識」與事實不符，就會毫不猶豫地改變它們。換句話說，螞蟻是「靜態」地理解解釋，蟋蟀則是「動態」地理解解釋。

重視直覺和偶然性的蟋蟀

向內的「封閉體系」思維，重視的是必然性和邏輯性。相對而言，向外的「開放體系」思維重視的則是偶然性。在針對已經可見或是已經成形的事物，來解決問題的世界裡，從知識中有邏輯地導出結論是常理，而在以未知為對象來發現問題的世界裡，則不得不在某種程度上依賴直覺和偶然。歷史上的發現，往往來自偶然的失敗，也可說是美麗的意外錯誤。

透過純粹的邏輯思考得到的結論，絕不會超出用來當作根據的事實、資訊或前提條件。而且，邏輯思考的最大武器是任何人用這種方式思考，都會得出相同結論，具有重現性和必然性，而在進行真正的創造性思考時，僅僅如此是不夠的。要想從未知的世界得到富創造性的嶄新創意，直覺和偶然性是無論如何都不可或缺的。

向內的「封閉體系」思維，是以一切問題和麻煩都能在邏輯上預料和假設為前提，所以會認為一切都能防患於未然。至於「出乎預料」的事情發生，則被認為是由於事前沒有想好足夠應付的對策。

相對而言，向外的「開放體系」思維本來就以不確定性為前提，所以會用發生後應該迅速應對的觀點去看待問題。也可以說，向外的「開放體系」思維是以失敗為前提的。

換種說法，「封閉體系」的思維是「將一切導向成功」，對於一種創意，會細緻入微地對照過去的知識，檢查邏輯的一致性。

相對而言，「開放體系」思維從一開始就預料到，在機率上必然發生一定數量的失敗，所以會認同「一勝九負」的哲學，重視創意的「數量」。

從「不足之處」思考的螞蟻與「零基礎」思考的蟋蟀

「封閉體系」存在「邊框」，因此不論好壞，「滿分（目標水準）」是確定的，所以螞蟻會著眼於此，思考「還有什麼不足」。當杯中裝有八成的水，這時候螞蟻會思考「距離裝滿杯子還差兩成」，於是設法補滿那兩成的水，如此就必然（從不好的角度來說）擅長「對現有事物吹毛求疵」。想把八十分變成一百分時，需要的就是基於這種思維的行為模式。

拿工作來說，一旦反覆「評鑑別人製作的試行方案」，就容易變成這樣。例如，在外部委託占比較大的大企業裡，「評鑑外部委託方或供應商製作物」的工作往往很多。一旦持續進行這樣的工作，就會形成螞蟻的思維模式並固定下來。

依照前文提到的倫斯斐框架，螞蟻關注的是把「已知的未知」變成「已知的已知」。在這裡，「已知的未知的外框」就是「杯子的上限」，而改變這個上限，本來就不在螞蟻的思考範圍之內。

相對而言，蟋蟀的工作大多是在杯底只有薄薄一層水的狀態下進行的。而且，蟋蟀認為「杯子的上限」只是假想出來的東西，所以光是裝滿杯子並不會令蟋蟀感到滿足。蟋蟀總是把視線對準「杯子的外側」，所以會考慮「要是準備個大水桶，多少水都能裝得下」。

換句話說，由於蟋蟀是將意識指向沒有邊框的「未知的未知」，所以是永無上限的。

日本人之所以擅長「改善」，或許在很大程度上便是源自於這種思維結構。因為「封閉體系」思路的最大優點，就在於使存在某種程度邊框內的事物趨於完美。

不在意他人嘲笑的蟋蟀

生活在「封閉體系」裡的成員，彼此之間的關係基本上也是固定且封閉的。俗話說「槍打出頭鳥」，置身其中的生存技巧便是與別人同處於一條水平線上，不炫耀不張揚，老老實實地工作。出眾、顯眼、獨占功勞會打亂團體的規則。同時反過來說，也不會允許任何一個成員落後掉隊，這就是螞蟻的組織。

相對而言，蟋蟀不會在意他人嘲笑（或是不會對每次的嘲笑都感到在意）。因為蟋蟀知道，思考的「維度」是因人而異的，所以自己不被「不同維度」的人理解是理所當然的事（關於「維度」，下一節會詳細說明）。螞蟻會察言觀色，蟋蟀則不會，而且蟋蟀認為費心察言觀色去顧慮他人，本來就是毫無創造性的「無用之舉」。

換句話說，螞蟻的視線總是對準「橫向」（同事或其他公司的同行等），而蟋蟀的視線總是對準「縱向」（上位概念，或是目的與手段的關聯等）。

為了避免誤解，這裡再稍作補充。在組織裡「只看上面的眼色工作」是螞蟻典型的行為模式。此時螞蟻所看的「上面」，在蟋蟀眼中只是局限在組織這個小的「誤差範圍」內，從組織內部這一點來說，終究還是沒跳脫出「橫向」的概念。

3.4 從「固定維度」到「可變維度」

關於「解決問題型」的螞蟻和「發現問題型」的蟋蟀，在思路上的「三個視角差異」，本節將針對最後的「固定維度」與「可變維度」的差異進行說明。

在思路的三個差異當中，本節的觀點或許是最難以直覺理解的。螞蟻的行動被束縛在「只有前後左右」的二維世界裡，蟋蟀則可以在必要時選擇「跳躍」，能夠往來於「上下」維度的三維世界和二維世界之間。透過比較兩者來想像、思考，或許可以更容易理解（圖 3-10）。

關於「可變」這一詞需要補充的是，蟋蟀在不使用後腿和翅膀等「飛行工具」的狀態下行走時，也就是在二維世界中活動時可以和螞蟻一樣，但同時還能根據需要自由使用「高度」這另一個維度，因此可形容為「能在二維和三維之間來去自如」。

圖3-10　「固定維度」的螞蟻和「可變維度」的蟋蟀

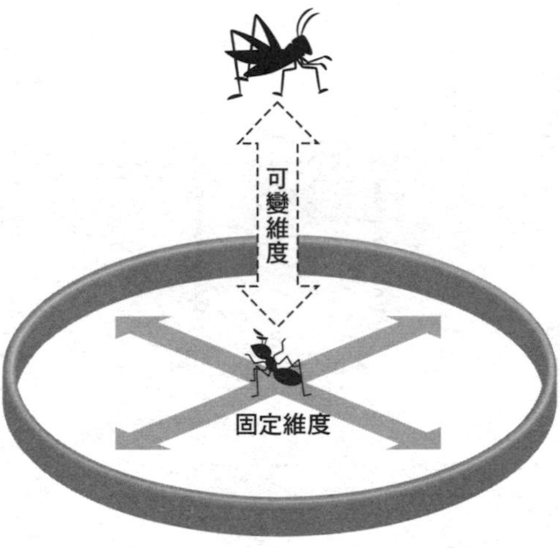

●為了「升維」，要以「上位概念」思考

那麼，「固定維度」的螞蟻與「可變維度」的蟋蟀有著怎樣的思路差異呢？

一言以蔽之，就是「上位概念」與「下位概念」的差異，也就是能否以後設層級視角思考的差異。上位概念與下位概念的比較如圖3－11所示。

這裡透過三種關係來表示上位概念與下位概念的關係，也就是目的和手段的關係，整體和局部的關係，抽象和具體的關係。

螞蟻生活在只有手段、局部、具體

圖3-11　上位概念與下位概念的關係

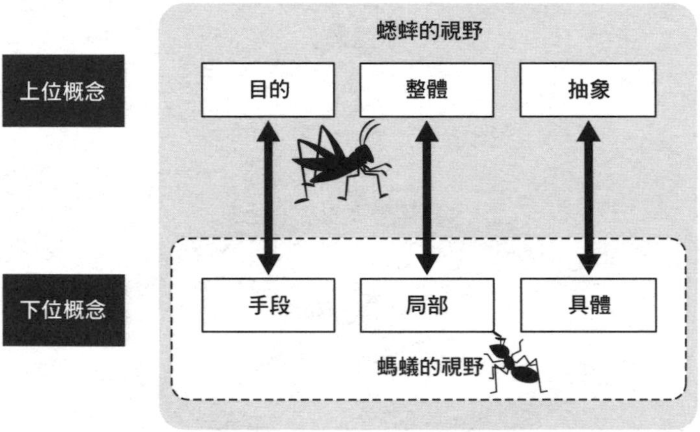

的世界裡，所以無法「跨越障礙」。相反的，蟋蟀透過手段—目的—手段；局部—整體—局部；抽象—具體—抽象這樣的「反覆上下移動」，能夠隨意跨越障礙。

下面舉例說明目的—手段的關係。對於重視狹義的解決問題，也就是重視「解決既有問題」的螞蟻來說，重要的是手段。因為對螞蟻來說，「現實和執行」就是一切，而總是以「可見」形式存在現實中的就是手段。分心去注意「目的」這個看不見的、未來的東西，或是「單純的理想論」，只是「浪費時間」。總之，切實執行眼前的手段就是螞蟻的任務。

圖3-12　目的與手段的關係

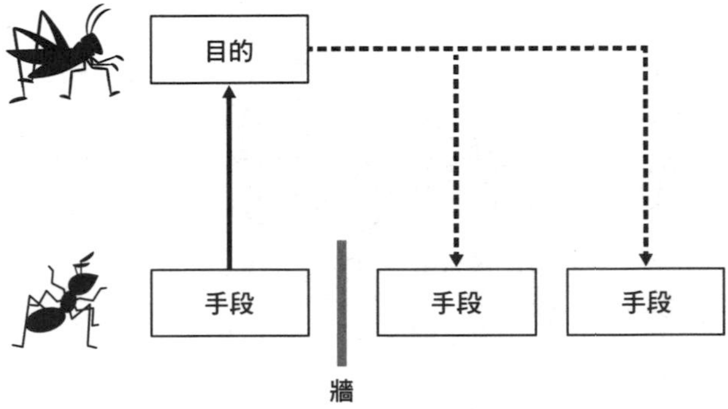

相對而言，蟋蟀為了目的會不擇手段。以某個目的為中心思考時，該目的與為了達成目的的手段，兩者的關係如圖3-12所示，那是「1對N」的關係，因為蟋蟀是根據目的這一上位概念思考，所以不會局限於特定手段這個「牆內的世界」，能從宏觀的視角出發，選擇能夠達成該目的的手段。

對螞蟻來說，最重要的是解決問題的具體方法，也就是How。相對地，蟋蟀需要掌握的則是目的，也就是Why。因為想要使變數達成最佳化時需要問的是How，而想要尋找變數本身時需要問的則是Why。

說到具體，抽象與具體也可以說具有同樣的關係。如果只看具體的世界，發現的問題就會浮於表面，無從窺見本質。而透過抽象化，問題內含的本質性課題就會浮現出來，由此即可「跨越障礙」思考。

姑且不論好壞，抽象的狀態比具體的狀態「自由度高」。具體的事物「立刻就能執行」，所以對解決問題型的螞蟻來說最為重要，但是看在蟋蟀眼裡，那只不過是「不能應用的表面事象」。

「升維」能使變數增多

如果擴展到思維的世界來看，維度指的便是「思維的自由度」或「變數」。上位概念也可稱為「高維度」的概念，就是「維度更高」的意思。與一維比較的話，二維就是上位概念；與二維比較的話，三維就是上位概念。那麼，透過升維在「高維度」上思考是怎麼樣的思考方式呢？為了便於理解，下面舉幾個練習題供大家參考。請試著思考下面的「火柴棒拼圖」問題看看。

【問題①】請使用六根火柴棒拼出四個正三角形。

最「簡單的」答案是，用六根火柴棒拼出「正三角錐」。

圖3-13　使用4根火柴棒拼出「田」字

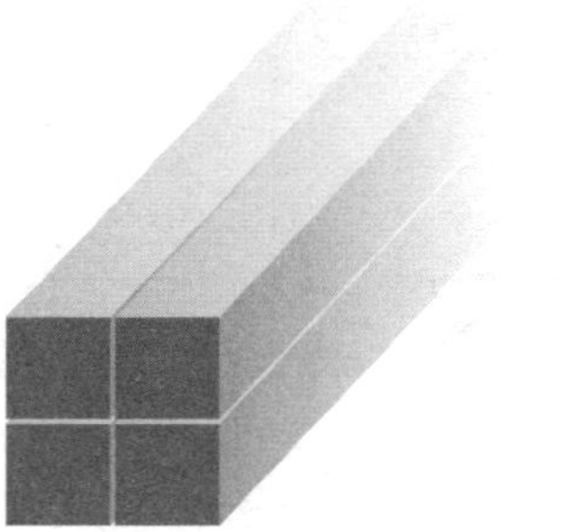

這是一個很具代表性的升維度思考問題，如果局限在平面上思考，很難找出答案，但若擴展到「立體」，就變得很簡單了。

那麼，下面再看一個「應用問題」。

【問題②】請使用四根火柴棒拼出「田」字。

對看過【問題①】的解說後已經「擴展維度」的讀者，這個問題並不太難。只要把四根火柴棒以2×2的形式湊在一起，然後以縱向方式從下面觀察火柴棒的「底部」，就能看見「田」字了（圖3-13）。

這個問題也不是「單純地以二維方式來思考」就可以，是還要思考不同的坐標軸，才能

圖3-14　零、一、二、三維的概念圖

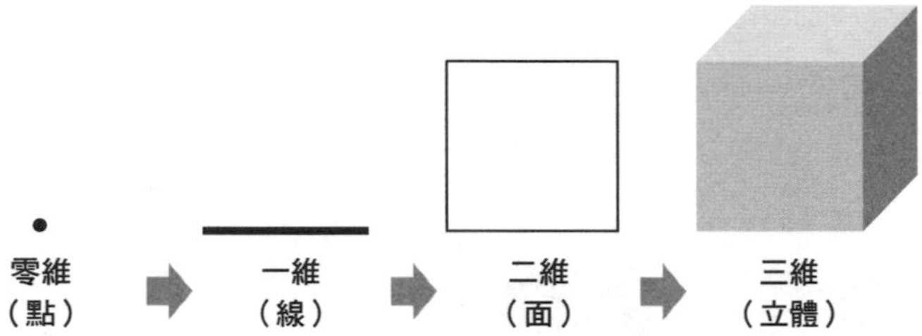

找出問題答案的例子。

升維能找到「出路」

透過「升維」，能夠找到解決問題的切入點，在圖形等直覺的世界裡更是如此。在數學中以幾何學的方式思考，也會變得更容易掌握升維的概念吧。

接下來對「升維」的概念以及升維的優點，進行更普遍、更具體的說明。點→線→面→立體的變化，就是升維的概念之一（圖3-14）。下面將具體說明，升維與形成創意之間有怎樣的關係。

另一個「螞蟻和蟋蟀」的故事

這次透過「螞蟻和蟋蟀」的比較，舉例說明

圖3-15　升維解決問題

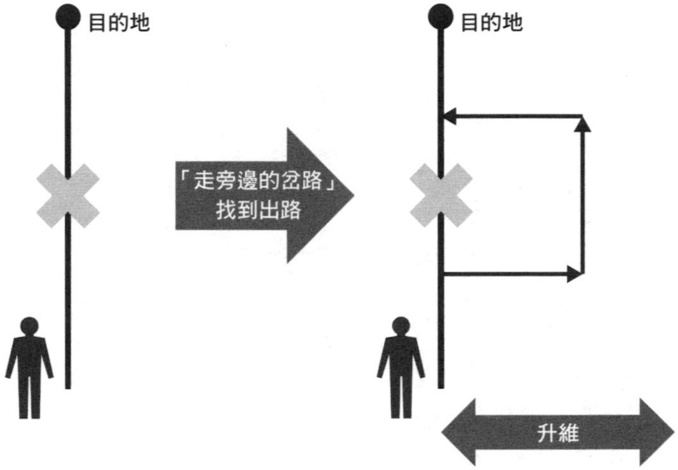

藉由將二維升至三維來發現其他「出路」，「解決原本難以解決的問題」。

首先也同樣先來道「熱身問題」。

【熱身問題】去便利商店買東西，前方道路卻因為施工而無法通行，該怎麼辦才能到達目的地？

我們在日常生活中經常遇到這樣的事。這時候只要先走旁邊的岔路，繞過被堵住的地方，然後再回到原路上就可以了（圖3-15）。

這是只在一條直線上思考的「一維」思維，與在「縱、橫」這個平面上思考的「二維」思維的區別。如果只在一條直線上思考，就沒有方法可以避開途中的障礙，而若能想到走旁邊的岔路這個選項，就能發現解決問題的切入點。

下面再來看「從二維到三維」的例子。

【問題】假設有一隻螞蟻被一個稍微粗的橡皮筋圍在裡面（圖3-16）。橡皮筋的寬度比螞蟻的身高大好幾倍，所以對螞蟻來說就像是一道「牆」。牆外放著螞蟻愛吃的食物，螞蟻只能透過氣味知道「牆外側」有很吸引自己的東西。

那麼，這隻螞蟻能吃到食物嗎？

至少不使用「飛行工具」，螞蟻是到不了牆外的，因為螞蟻的行動範圍基本上只有在平面上，也就是僅限於「二維」的世界。

那麼，如果換成蟋蟀又會如何呢？蟋蟀能夠「跳躍」，相當於擁有了「飛行工具」，所以能輕鬆越過障礙（圖3-17）。

這是因為，蟋蟀能在「高度」這個另一維度上移動。也就是說，透過增加一個維度，行動的自由度就能得到提升，原本在二維中做不到的事，也可能變成做得到。

圖3-16　螞蟻吃不到牆外的食物

圖3-17　蟋蟀透過升維吃到食物

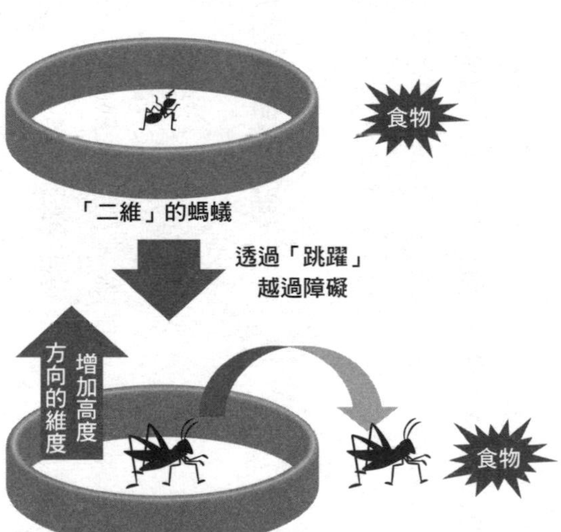

這裡所指出的蟋蟀「跳過障礙」的概念，與之前不斷說明的「開放體系」思維是完全相同的。

其手段之一便是本節將要闡述的「運用新維度」。

由此可以說，「升維」這個形容方式本身，是之前闡述的「抽象化後再思考」「透過『軸』思考」「透過Why思考」等多個思考法的「上位概念」（這些思考法會在PART4中詳細說明）。

●要最佳化固定的變數，還是要創造新的變數

透過「螞蟻和蟋蟀的故事」，我們還能學到其他事情。

如前文所述，「維度」指的就是「思維的自由度」，也可稱為用來思考的「變數」。下面我們透過思考新商品的開發或新服務的開發，對「固定變數（的種類）」思考的螞蟻和「增減變數思考」的蟋蟀進行比較（圖3-18）。

這裡所說的「變數」，可以是產品各方面的規格或性能（的種類）。例如汽車，就有引擎排氣量、車身重量、外形尺寸、油耗數據等。

圖3-18　螞蟻和蟋蟀在商品開發時的思維差異

透過「變數的優劣」來一決勝負的螞蟻

比較項目	公司新商品	競爭公司A	競爭公司B	競爭公司C
〇〇速度	50	10	30	40
〇〇容量	25	30	35	30
〇〇時間	5.1	3.4	4.2	4.5
〇〇溫度	20	14	20	18

重新定義變數

透過「重新定義變數」來一決勝負的蟋蟀

比較項目	公司新商品	競爭公司A	競爭公司B	競爭公司C
XX功能	有	無	無	無
XX功能	有	無	無	無
XX功能	有	無	無	無
XX功能	無	有	有	有

固定變數思考的螞蟻在開發時，會著眼於在這些性能，在數值上超過其他公司，因此首先會（在腦中）舉出現有的變數，將這些變數與競爭公司「比較」，然後思考如何在數值上超越對手。

相對而言，蟋蟀會選擇完全不同的途徑，不會用「比較數字方式」來一決勝負。「能夠用數字比較」意味著，是在相同變數（〇〇速度等）上與對手較量優劣。蟋蟀並不會那麼做，他會思考「變數本身」，也就是思考在比較表中，對手無法填入的欄位是什麼。

這裡的關鍵，不在於增減類似的既

圖3-19　螞蟻的關注點和蟋蟀的關注點

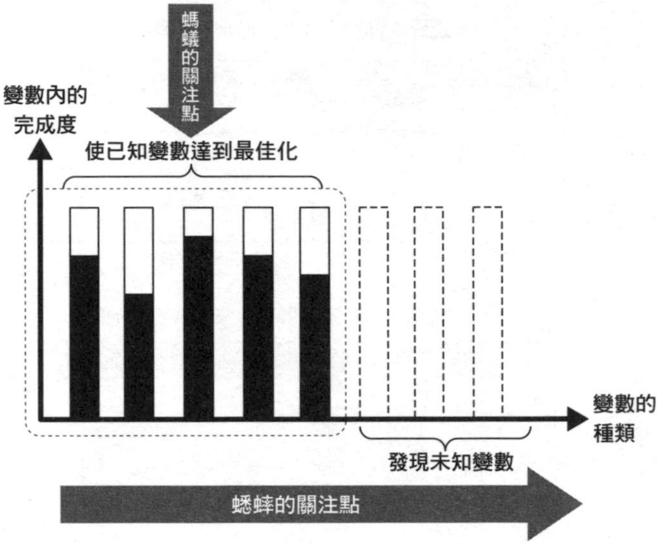

有功能，而在於增減根本性的功能，故意剔除其他公司產品中「理所當然應有」的功能。這代表著蟋蟀還擁有「減少變數」這一選擇（以前的「隨身聽」就是這類的典型模式，近年來針對開發中國家開發，重視成本的產品或服務時，也常使用這種手法）。

蟋蟀想要達到的終極目標，就是找出與其他公司的產品完全不同的變數，可以處於「製作比較表會毫無意義」或是「比較表不會限制原型開發」的狀態。例如，當平板電腦誕生時，製作平板電腦與筆記型電腦的「比較表」又有多大意義呢？總而言之，思考在同一個擂台上「應該怎麼做才能戰勝」的是螞蟻，思考如何徹底改變擂台以便「不戰而勝」的是蟋蟀。

這些思路的差異如圖3-19所示。

「使固定變數達成最佳化」是螞蟻最關心的事。螞蟻的關注點在於變數的「值」，也就是在變數固定的情況下，如何使其「達到滿分」。

相反的，蟋蟀對於已經確定的變數毫無興趣。既然「問題」已被明確定義，那麼後面的事交給別人去做即可，自己要去尋找下一個未知的變數。

開發新商品時，與其他公司的基準比較、分析是必要的，但為什麼要比較分析，其中的定位對螞蟻和蟋蟀來說則是大相徑庭。螞蟻的理由是「為了跟其他公司比較變數的大小」，蟋蟀的理由則是「為了分析其他公司尚未具備的新功能」。

更進一步來說，同樣是調查其他公司的例子，螞蟻的目的是「為了模仿」，蟋蟀的目的則是「為了不模仿」。

以創新的層級而言，螞蟻的創新是連續的、漸進的（Incremental），蟋蟀的創新則是不連續的、具破壞性的（Disruptive）。

● 在經營管理的各單位中看到的維度差異

下面從「變數的數量」這個觀點，也就是從經營自由度和決策自由度的角度來分析，經營管理的組織單位。例如，思考經營管理時的單位有成本中心、利潤中心、投資中心等概念。

成本中心以人事、總務、會計或資訊系統部門等職員部門為代表，數值上的管理指標只有「成本」一項（因為這些部門的員工不會對營業額做出直接貢獻）。也就是說，成本中心的管理變數是「1」。

接下來，利潤中心的管理指標是「利潤」。利潤由「營業額－成本」計算得出，所以利潤中心的變數是「2」，自由度升了一級。提高利潤有「提高營業額」和「降低成本」兩個選項，經營策略的自由度就因此而有所提升。

進而給這些變數加上「時間」（長期的營業額和成本），給上述的P／L指標加上「投資」這個與B／S相關的指標，形成的管理單位就是「投資中心」。如此一來，就能進一步獲得思考長期投資和回報的自由度。

這些就是透過增加變數來提升「自由度」的概念，這個概念的模式圖如圖3－20

圖3-20　「維度不同」的商業適用例

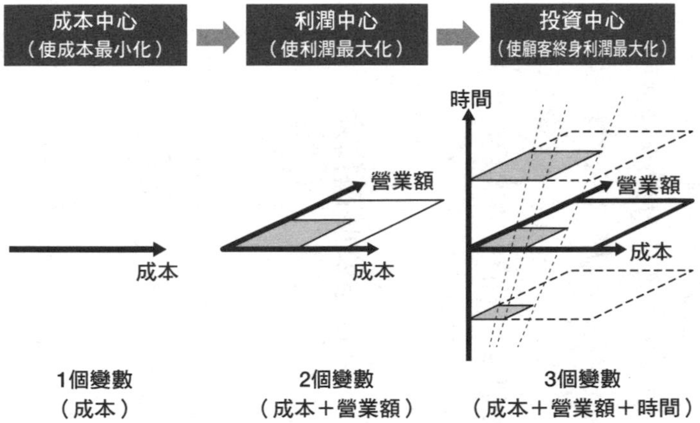

所示。

這裡的另一個重點在於，其中各變數的「靈活度」（不確定性的高低）關係是成本＜營業額＜時間（長期投資和回報）。在變數相同的前提下不難想像，在變數少的擂台上較量更容易「獲勝」。

例如，假設為了擴大營業額而增加經費的利潤中心的人，與只關心削減經費的成本中心的人同台辯論。利潤中心的理論是「就算為了提高營業額而增加成本，也能提高利潤」，但這個理論無法明確回答成本中心的提問，「增加成本能確保提升營業額嗎？」因為「成本增加」是幾乎確定會發生的情況，但「營業額也會提升」和「成本增加」的發生機率卻不相同，無法斬釘截鐵地說「營業額也會增加」。所以在這樣的辯論中，「變數多」的一方會處於不利的局面。

因此當「固定維度」和「可變維度」同台（在變數少的擂台上）較量時，大多是固定維度的一方會獲勝。關於這個結構，在後文談到螞蟻和蟋蟀的對立結構時再詳細說明。

●低維度比高維度容易理解

前面舉出了透過「升維」來拓寬視野和視角的例子，但反過來，上位概念的操作通常比下位概念的操作更難。我們學習數學時，也是先從一維的世界開始慢慢增加變數，提升維度。

這是用來理解的正確途徑。因此有些時候，故意降維思考反而會更容易理解。

例如，分析立體圖形的時候，想像立體圖的「截面」投影在平面上的圖形會更容易理解。建築設計圖就是具體的例子。建築物自然是「三維」的，但在設計、施工等涉及細節的場合，研究二維的平面圖才不至於出現誤解。

因升維而複雜化的問題，透過降維更易於具體理解。以商業場合來說，前面提到的「○○中心」的思維方式便是如此。

肩負「利潤責任」的利潤中心需要控制「營業額」和「成本」這兩個變數，但在按部門進行任務細分的時候，就會分成肩負「營業額責任」的部門和肩負「成本責任」的部門來進行管理，這樣的手法就相當於降維。

再比如說，上司管理、培養下屬時的「工作自由度」，就相當於「變數的數量」或「維度」。例如，起初讓下屬在低自由度的狀態下記住該如何工作，隨著技能提升，再給下屬自由度，也就是自主權，允許下屬挑戰難度高的工作。

●「固定的螞蟻」與「可變的蟋蟀」的對立結構

「變數固定」的螞蟻，一旦在解決問題時進展不順，就會把責任歸咎於他人或環境。也就是說，螞蟻容易懷有責怪他人的想法和受害者意識。這是因為螞蟻身為在固定變數中解決問題的專家，會為了解決那個問題而竭盡全力，而一旦進展不順，就會認為「制定問題（制定變數定義）的人有錯」。螞蟻從來沒有增減變數本身、「改變問題本身」的選項，所以既然自己已經竭盡全力，那麼錯誤自然在於「制定問題的一方」。

相反的，蟋蟀若是認為問題本身不對，就會放棄解決問題，開始自己去定義別的問題。在思維上擁有如此高自由度的蟋蟀，認為一切問題都能找到解決的辦法，所以總是將矛頭對準自己的創意，在這創意上面下工夫。

「若有不滿就應提出替代方案」也是蟋蟀的邏輯。在螞蟻看來，「不滿」是在自己已經竭盡全力，對自己可控制範圍內的變數最佳化後發生的，自己已經再也沒什麼可做了，所以「就算想拿出替代方案也拿不出來」。相反的，擁有無數可選變數的蟋蟀則會認為，提不出替代方案的原因無他，只是因為自己不夠努力。這裡也會發生因思路不同而導致的意見對立。

而且，螞蟻對於「提高自由度」是格外厭惡的。因為在他看來，變數增加愈多，問題就會變得愈複雜，解決起來也就愈麻煩。

指標確定就會幹勁十足的螞蟻和與之相反的蟋蟀

一旦指標確定，螞蟻就會全心全意地努力最佳化那個變數。相反的，如果指標不確定，螞蟻就會因無從著手而不知所措。

公司的管理也是如此。公司愈成熟，愈趨向「下游」，使用指標的管理就愈有效。所有一切都賦予「定量的」「在相同擂台上的」「能夠比較的」各種衡量標準，可以讓螞蟻的能力得到最大限度的發揮。人事考核也是一樣，在螞蟻看來，「在相同擂台上的」「基於共同標準的」考核才是公平的。

由此不難看出，「渴望加薪」「想要升職」是典型螞蟻的動力。

蟋蟀則與之相反，一旦確定了這樣的「共同指標」，就會頓時失去動力。蟋蟀不喜歡和別人同台較量，因為「制定別的指標，自己獨自獲勝」才是蟋蟀的工作哲學。

換句話說，螞蟻是志在成為「第一」，蟋蟀則是志在成為「唯一」。

希望他人決定的螞蟻與希望自己決定的蟋蟀

討厭「自由度一直提高」而導致工作範圍擴大的螞蟻，不會自行尋找新的工作，而是會讓他人決定制約條件，自己在該條件下盡力做到最好。因為「志在解決問題」的螞蟻本能地了解，如果胡亂增加變數，會令問題難度大增。

相對來說，喜歡「追根究底」，以重新定義問題、「推翻原案」為信念的蟋蟀則認為，決定制約條件（畫分界線）是自己該做的事，所以一旦被他人決定了制約條件，就會立刻失去動力。

也就是說，組織管理螞蟻時需要的是「規章」「規矩」和「樣版」，而蟋蟀的管理一旦樣版化，則完全會出現反效果，因為如果想要維持蟋蟀的工作動力，那麼剝奪自由度將會是最大的忌諱。

蟋蟀不惜「為輕鬆而努力」

同樣地，當面對無法跨越的困境，也就是面對「高牆」時，螞蟻會盡最大的努力，不斷設法在牆上挖出「一個洞」，直到終於挖出一個小洞之後，會再一點點地使洞繼續擴大，最終脫困（以前面提過的「道路施工」例子來說，就是想方設法通過「現有的道路」）。

相反的，蟋蟀所考慮的完全不是從正面突破，而是「如何回避這道牆」。穿越的捷徑也好，簡單的辦法也行，總之會徹底思考能夠順利繞開牆壁的方法。在螞蟻看來，這樣做只是「逃避現實」，但蟋蟀式的竭盡全力，就是要透過徹底思考「另一個維度」來找出另一條出路。請回憶前文提到的拼圖問題。蟋蟀絲毫不會考慮「正面突破」，而是會思考其他方法。

也就是說，螞蟻和蟋蟀努力的點，存在根本上的差異。螞蟻是在已確定的擂台上盡力做到最好，蟋蟀則是全力思考如何找到別的擂台，以便能在既有的擂台上「輕鬆享樂」。然而，「輕鬆享樂」那只不過是螞蟻的看法，對蟋蟀來說，那是「為了輕鬆享樂而徹底思考」的結果。

3.5 從「奇異點」出發的問題發現法

到此為止，我們針對擅長發現問題的蟋蟀和擅長解決問題的螞蟻思路、價值觀以及行為結構，做出了各種分析。

那麼，作為解決問題之上游的「發現問題」，又應該怎麼做才對呢？答案是，應該著眼於「奇異點」。這裡所說的奇異點，是指「違反常識的新事象」。不同的思路對於這類事象的反應各不相同，因此，可以從中對未來的發展做出兩種不同的預測，從而得到新的創意。

「以兩種思路看待奇異點」是發現問題的重要視角。螞蟻和蟋蟀，無論哪一方的視角都會產生問題，而為了認識到問題的存在，就不能用「是螞蟻還是蟋蟀」這樣的二選一論，而是要像上一節所講的那樣，從上位觀察，認識到「存在著兩個視角」（實際上，這樣的思維本身亦可稱為蟋蟀的思維）。正如PART1所述，問題多源自於「事實和解釋的差異」。接著我們就來思考發現問題的具體方法。

●「奇異點」是如何產生、進化的

這裡所說的「奇異點」是指無法以常識測度，與平均事象嚴重脫鉤，所謂的「不正常事象」「古怪行為」，或是製造者本身，也就是「怪人」（與數學中的「奇異點」意思不同，這裡僅僅只是將其定義為一般的詞彙）。尤其是隨著時代和技術的變化，「新出現的特殊事象」就成了「奇異點」的主要來源。

在「槍打出頭鳥」的日本社會，新出現的特殊事象或怪人多被大眾以否定的態度予以排除。然而不管人類做何反應，當世間發生變化時，這樣的「奇異點」就會出現並繼續成長，很多時候甚至會迅速發展變成「主流」。

也就是說，「奇異點」其實裝滿了未來的創新種子。這種關係到未來的事象，在英語裡被稱為Weak Signal，是暗示未來發展的「小徵兆」。如何儘早著眼於此，使之變為機會，就是關鍵所在。

為此，我們有必要充分理解奇異點的「進化過程」。奇異點是如何產生、進化

圖3-21　奇異點的進化過程

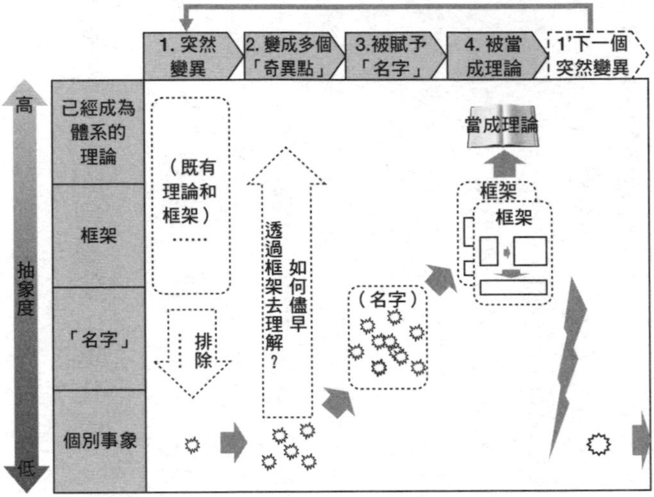

的？這裡以淺顯易懂的方式，將奇異點的進化過程以圖3-21所示。橫軸標示了隨時間變化的奇異點定位，縱軸按照抽象度從低到高，依序分類為個別事象→「名字」→框架→已經成為體系的理論。

在技術或顧客需求等環境變化的背景下，奇異點起初被當成罕見的特殊事象，也就是被當成所謂的「突然變異」開始出現，然後數量慢慢增多，在世間引發熱議的同時被加以「命名」，比如日本的「草食系男子」「怪獸家長」「魚干女」等。此外，例如「遊牧工作者」等「新人類」的形容方式，也歷經了同樣的進化過程。

比如網路或雜誌的報導題材，最初只不過是一小部分的特殊事象，直到有了名字，才漸漸變成普遍的存在而被人們認識到。

通常，這些事象在出現當時並不會受得世人肯定，而且往往會成為被揶揄的對象。那些遭到年長者批評說「真是受不了現在的年輕人……」遭到白眼對待的年輕一代言行，可以說就處於這個階段。

等到這些事象繼續進化，被「一流企業或名人」提及，或是成為熱門商品，得到世人的廣泛認知，被當成先進案例受到介紹時，就會得到大眾的肯定。然後，隨著這些事象變成書籍的主題，或是得到系統化的解釋而且其中一部分被整理成理論，為了「橫向發展」，擴展同樣的用途，它們就會變成諮詢的標的。

然後再繼續進化，先進案例不斷累積，經過學者的實證研究和理論化，成為「具備重現性的系統化理論」。不過到了這個階段，最初的「奇異點」已經變為不折不扣的「主流」，創意本身因失去新意而開始變成過時的想法。

而且在這一時期，由於發生下個「突然變異」，又會有新的奇異點開始出現，先前的常識遭到質疑，如此不斷重複循環。

這裡應該注意的一個重點是，並非所有最初的奇異點都會發展至下個階段。能夠發展至下個階段並「成為主流」的奇異點，只占全體的一小部分。

●螞蟻和蟋蟀對奇異點的反應不同

這裡的目的是希望透過奇異點產生創意，然後藉此來發現問題和定義，但螞蟻型和蟋蟀型思維對奇異點的反應是完全不同的。

一言以蔽之，「螞蟻型」思維的反應是對新變化持否定看法，會試圖「規範」「管理」「禁止」新的變化。世間大部分的人都是這樣的反應。

「蟋蟀型」思維的反應則是對新趨勢採取中立或肯定的立場，覺得「以後這股趨勢或許會成為主流」。正如前文已經分析過的，螞蟻的思維是「透過既有的固定解釋去看待事實」，而蟋蟀的思維是「按照原本模樣去看待事實並從中思考新的解釋」，兩者的思維截然不同。這裡也受到「解釋＞事實」和「事實＞解釋」的差異所影響。

這些差異主要可看作是權力階層和創新者的視角差異，也就是遵循舊有的結構來提升實績的「有產者」，和向其發起挑戰、試圖開拓新世界的「無產者」這兩種視角的差異。兩者對待「奇異點」的不同反應，其對比如圖3-22所示。

正如前文詳述過的，螞蟻型的思維是「傾向存量的、封閉的、向內的思維」，蟋蟀型的思維則是「傾向流量的、開放的、向外的思維」。再次確認一下，這些思維差異的起因在於圖3-23所示的思路差異。

如果用圖像來說明，螞蟻是「牆內和牆本身處在同一水準線上的視角」，蟋蟀是「從牆的上方俯瞰全域的視角」。這裡所說的「牆」，是已構築的「業種」「組織」，偶爾可以是「規則」，總之是權力階層需要守護的對象。

●權力階層VS.創新者

按照螞蟻的思維，首先會用習以為常的價值觀，例如「常識」和「非常識」等來判斷世間事象的善惡。正因為螞蟻有著明確區分牆內牆外的想法，所以會採取「守勢」，把奇異點視為「牆外」的異物而徹底排除。相對地，按照蟋蟀的思維，只有改變現有的（業種或產品的）牆壁本身，才能應對今後可能繼續增加的奇異點，所以蟋蟀會從「有必要改變牆的位置或方向」這個認識問題的角度切入。無論如何，

圖3-22　對「奇異點」的不同反應

權力階層（螞蟻的思維）	創新者（蟋蟀的思維）
否定、規範、管理	肯定、活用、擴大
區分常識與非常識（畫線）	沒有區分常識與非常識（不畫線）
防守	進攻
提供者視角	使用者視角
短期視角	長期視角
基於決定論的應對	基於機率論的應對
改變對方	改變己方
遵循現有結構	改變現有結構
不改變擂台	改變擂台

圖3-23　螞蟻與蟋蟀的思維差異

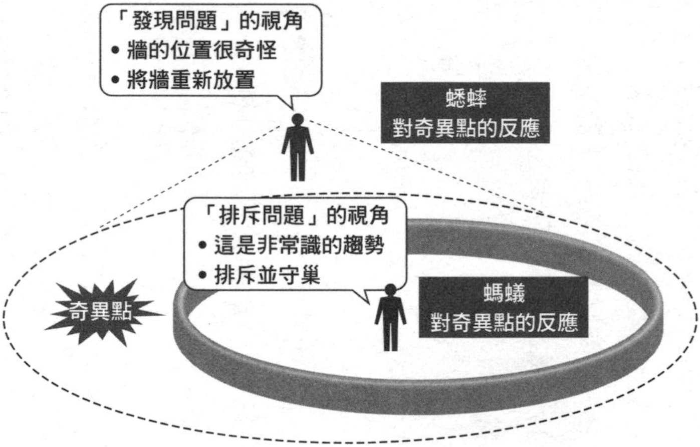

蟋蟀都不會正面去否定奇異點，而是會秉持著「有需求的話那也合理」的視角。

對於那些已經在現有世界奠定地位的權力階層而言，根本的大前提是「守護自己的立場」，所以不用說一定會從「提供者的視角」出發，對於新需求的出現也只會表現出「不同於既有購買模式的顧客是錯誤」的態度。相對而言，創新者認為「既然需求有變，就有必要改變結構本身（牆的存在方式）」，所以會從純粹的使用者視角出發，「破壞牆壁」或「重建新牆」。換句話說，兩者之間就是「試圖改變對方」與「主動改變自己」的區別。

權力階層即使能在短期內將奇異點抑制為「特殊需求」，如果那真的是顧客的需求，身為提供者就很難阻止那樣的需求增加，所以從長期來看，搶占先機的創新者就很可能更具優勢。

例如近年來，愈來愈多的消費者傾向於到實體店確認實物後，再上網調查售價最便宜的網路商店進行網購。針對這種「展示間現象（Showrooming）」的問題，也存在兩種完全不同的見解。

一種是實體店方面的看法，他們認為顧客這樣做，自己的貨根本賣不出。他們所想到的對策是應該如何減少這樣的顧客，讓更多的顧客在實體店購物的思維，也就是嘗試透過強調，只有實體店才能提供的附加價值（付錢就能立刻帶回家，或是能夠體驗到詳細的商品介紹……）減少只看不買的顧客。他們會從最大限度地活用「現有」店鋪或員工的思路切入。

而另一種思路，則是從使用者只看不買的趨勢中嗅出，「哪怕便宜一分錢也好」「但想看到實物」等「無法在一個地方同時得到多重滿足」的需求，然後設法構建出可以確實滿足顧客需求的新結構。例如，這樣的思路可能就會開始分析，「是否能在網際網路上利用AR（擴增實境）、3D技術等手段，變成也可以在IT世界中「順便確認實物」，或是反向思考「把實體店鋪打造成名符其實的『展示間』，然後工廠直銷，看看這種模式是不是可行。」

然而正如前文所述，並非所有的奇異點都會增加並成為主流，能夠成長變成主流的奇異點只是其中的一小部分（但這種情況下的衝擊力會非常大）。

也就是說，權力階層會採取的態度是，應該如何因應基本上確定會與既有業界發生的衝突，而創新者則會把賭注押在那些儘管發生的可能性不大，可是一旦「突變」就會具備巨大潛力，所謂「高風險高回報」的事象上。就思路而言，權力階層是基於決定論的想法（一切都要獲勝），創新者則是基於機率論的想法（夾雜著一定程度的失敗風險），這就是兩者的區別。

意識到這兩種思維方式後，在觀察一個事象的時候，若能從兩種視角加以思考，創意就會倍增。這就好比在腦中想像自己扮演兩個角色一樣。

圖3-24　從兩種視角看待奇異點

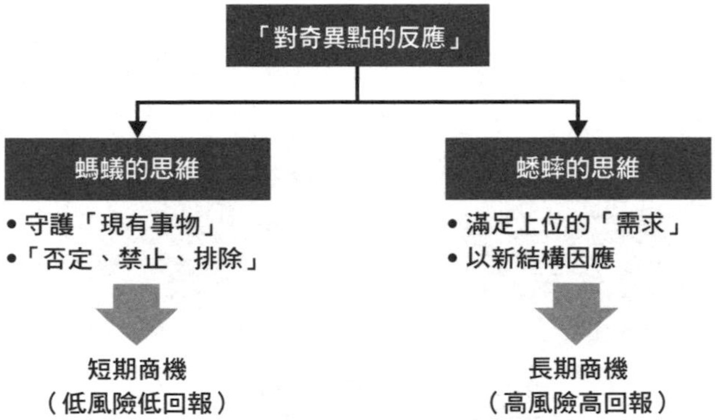

前面說過，新創意大多來自向外的「開放體系」，但我們可以像「普通人會這樣想（向內）」，那我反而要考慮到另一面（向外）」一樣，從兩種完全不同的視角去觀察世界，這樣就能擴展想法（圖3-24）。

針對新動向，短期內會發生來自權力階層的「禁止」「管理」等變化，而從長期來看，一旦新動向成為主流，新的結構或商品就會流行起來。

創新者會很快就著眼於奇異點，以肯定的態

圖3-25　影響奇異點進化過程的兩種作用力

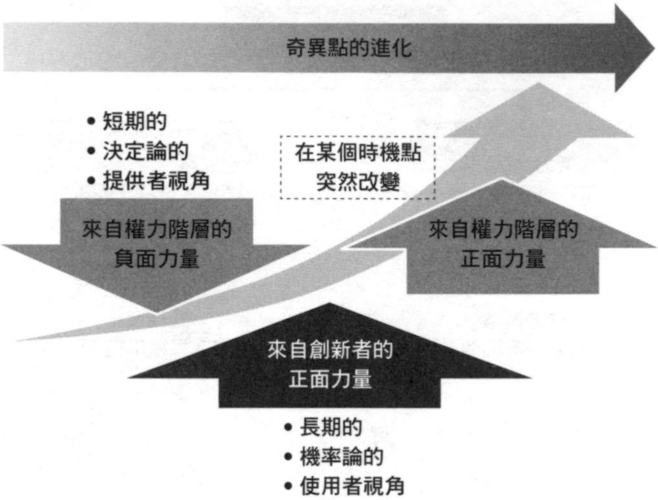

度加以理解，想像奇異點成為主流之後的樣子，站在長期的視角，透過投資或計畫搶得先機。相對而言，權力階層見到這樣的趨勢，會先從「那樣的東西不是主流」這樣的否定態度切入。先是否定、規範、禁止，然後再花時間慎重地判斷，直到真的發現開花結果時，才會採取對策（圖3-25）。

這裡應該關注的另一個重點是，按照「向內的封閉思維」，當奇異點在變成主流的某個瞬間，人們的反應會突然從否定轉變為肯定。至於轉變的時機，可能是「被業界的領先企業採用」或是「開始被名人使用」等。

●畫線？不畫線？

按照「權力階層」的螞蟻型思維，他們的態度會以某個時刻為界線突然發生改變。為了探究其原因，我們再對兩種思路差異的另一個層面分析。圖3－23所示的思路差異，正如本書反覆所講，也可以說是對觀察對象「畫線」還是「不畫線」的差異。

蟋蟀作為擁有「向外的開放思路」的創新者，對奇異點不抱偏見，以公平的視角看待，而且不會透過畫線將奇異點與既有的「常識」區分開來，而是將其理解為新趨勢的萌芽。相對而言，螞蟻作為擁有「向內的封閉思路」的權力階層，看待新事象時，總是將之判斷為是屬於自己「常識」的內側還是外側，首先著手排除、規範、管理。

也就是說，拘泥於抽象的既有規則，遲遲不能發現奇異點，可說是「向內的封閉思維」的特徵。由於權力階層的思路受限於既有規則，因此以新視角看待奇異點的時機總是比創新者慢上幾步，拋棄自我成見的時機也會落後於創新者。

● 奇異點進化的例子～智慧型手機時代的資訊安全

「以向內的封閉體系思考的常識者」會「試圖將奇異點納入常識的範疇」。相對地，創新者會轉換思維，透過「嘗試在奇點外側重畫常識之線」，想像奇異點進入常識範圍內的樣子。

再舉個例子，對於智慧型手機時代的資訊安全，所產生的反應也同樣分為兩種。儘管以下的措施在近年來已經變少，但在智慧型手機普及的時期，許多公司因為過於害怕洩漏資安，採取了「禁止」使用個人智慧型手機的方針。負面理解並試圖禁止「將私人智慧型手機帶進職場」這個當時正開始普及的奇異點，這就是「內向的封閉體系」的思維。相對而言，另一種思維則會認為，智慧型手機開始普及是理所當然的事，所以會搶先採用以智慧型手機為前提的工作方法。

後來的情況眾所周知，該奇異點有了「BYOD（Bring Your Own Device，個人自備裝置）」這個「名字」，成為一種概念和框架受到人們認知。這個例子可以說完美地呈現前面所說的奇異點的進化過程。實際上在那之後，該奇異點發展成為一種「市場」，有各式各樣的公司都為那個市場提供商品和服務。

●用來思考「奇異點」的框架和練習問題

到此為止，我們透過以兩種思路來觀察奇異點這個事象，分析了「站在提供者或管理者立場的短期思考」與「站在使用者立場的長期思考」，以及兩者之間的區別。如果觀察我們身邊的「奇異點」，透過啟動兩種思路，就能對短期和長期的未來做出預測。

一般來說，人們出於過去的經驗或現在的工作內容，會形成有失偏頗的事物觀（多是「向內的封閉體系」思維）。因此，能夠意識到完全相反的兩種視角，就有可能光靠這樣的「兩倍」視角來想出創意。同時，例如當今的業界領袖（向內的封閉思維類型），就能對創新者這個挑戰者的想法做出預測，從而制定對策。

下面舉幾個現階段被否定理解的「新動向＝奇異點」。

希望大家能夠嘗試從「兩種視角」出發，思考今後的「對策」，把握短期和長期的商機。

・年輕人的漢字能力變差。

圖3-26　從兩種視角思考奇異點的框架

螞蟻的思維	蟋蟀的思維
該如何因應？	該如何因應？
商機是什麼？	商機是什麼？

・在工作中使用社群軟體的員工正在增多。
・邊走路邊玩智慧型手機的人正在增多。

如果發現身邊有這樣的現象，或是在網路、報紙上看見這樣的報導，不妨按照圖3-26的框架思考，肯定能發現新的視角或創意。關鍵就是要時時刻刻從「兩種視角」思考。

●奇異點發現法～著眼於「禁止」「其他」

那麼，怎麼樣才能在實際的日常生活中發現奇異點呢？

著眼於「禁止」，就是奇異點發現法的一個例子。如前文所述，新需求往往會被既有結構予以否定，然後以「禁止」的形式呈現出來。也就是說，某種新需求要以前所未有的方法開始因應，而舊有的結構無法處理，所以會被禁止（智慧型手機的例子就類似於此）。

例如，我們可以在有些餐廳裡看到「禁止讀書」的標示。從「禁止」這一詞當中我們可以察覺到「兩種需求」，一種是「想要禁止方」的需求，另一種是「被禁止方」的需求。

首先在「想要禁止方」的短期需求方面可以產生，建立相應規範、管理工具或結構的商機。此外，在「另一種視角」的「允許」方面，因為在這種狀況下，一定會產生「正在增多的需求未被滿足」的信號。就算禁止，只要存在需求，就會以其他形式顯現出來，倒不如搶得先機，自然就能擴大商機。

另一個著眼點的例子，就是在各種分類中的「其他」這個項目。

某種分類完成時，沒有進入既有分類的事項會被統一歸類在「其他」這個欄位。換句話說，就是「無法分類的事物」。所謂分類，指的是根據現今已知的事物觀思考，而奇異點的候補就隱藏在那些無法分類，也就是那些不得不歸類為「其他」的事物當中。

「其他」通常可以稱為無法妥善分類的累贅集合體，如果從無法說明＝奇異點的這個觀點來看，那麼我們也可以認為其中隱藏著能夠延伸創意的絕佳素材。

例如在填寫問卷調查時，如果填入「其他」欄位中的事項增加，很多時候我們可以從那些事項中理解到世間的新動向。

填寫職業時，許多「以外來語書寫」的新型態職業無法分類，只能寫在「其他」這個欄位裡。這樣的職業就能成為奇異點的候補。再比如顧客問卷調查的結果也是一樣，無法填到既有分類的意見，也會被歸類到「其他」的欄位。被歸類到「其他」欄位的意見，才是不受限於舊有框架的意見，其中或許就隱藏著提示，可以用來預測未來的「奇異點」。

以上闡述了透過關注奇異點來發現新問題，以及從兩種視角，還有從短期和長期兩方面來預測未來，並以此用來當作觸發創新的手法。

透過自己察覺到用來發現問題的「解釋的無知」，就能定義新問題。這裡的發現問題的觸發器，關鍵也在於「無知、未知」。

3.6

螞蟻和蟋蟀是否能共存共榮？

前面講述的「發現問題型人才」（蟋蟀）和「解決問題型人才」（螞蟻），怎樣才能共存並同時提高雙方的能力呢？其實在很多組織裡，「兩種人」都無法互相理解並存著，進而形成了對立結構。

與「保守主義」對抗的創新者，以及不知如何管理「怪人」的管理者；總是需要掌握「過去資料」「其他公司案例」卻又束手無策的新事業負責人，以及反對付出高額投資在「無法預測是否會成功的未知研究和調查」上的會計負責人……這些都是因為本書一再提到的「螞蟻和蟋蟀」思路的根本性差異，才會產生這樣的對立結構。

即使在公司組織的外部，這樣的結構也以各種形式不斷重複出現，堪稱是永遠的課題。在本節中，我們將尋找對策，以便讓思路截然相反的「兩種人」都能夠發揮出最大的能力。

不論古今中外，「螞蟻型」的人和「蟋蟀型」的人一直以各種形式共存至今。後文將會提到，不僅限於商界，在自然科學界和政界，兩者也是時而妥善地分擔職責，時而（或許該說是絕大多數的場合）彼此對立地推動這個世界。

接下來，我們將討論螞蟻和蟋蟀是「分擔職責」，還是「競爭」或「扯後腿」，討論兩者的對立結構，探討雙方是如何看待對方，探討該怎樣做才能人盡其才、共存共榮。

●各領域的螞蟻和蟋蟀

前文已經在各領域內比較了「解決問題型」的螞蟻型人才與「發現問題型」的蟋蟀型人才。

再來看一下數學世界中的例子。生於義大利的美國數學家、哲學家羅塔（Jean Carlo Rota）在其著作《*Indiscrete Thoughts*》（渾然一體的思想）中，表述了數學家中存在著「解答問題的人和構建理論的人」。

「數學家分兩種，分別是解答問題的人和構建理論的人。絕大多數的數學家同時具備這兩方面的特性，但無論在哪一種人裡面，都能輕易見到極端的例子。（中略）」

這裡所說的「解答問題的人」相當於「解決問題型的螞蟻」，而「構建理論的人」相當於「發現問題型（＝定義問題本身）的蟋蟀」。

透過下面的敘述也能看出，這兩種人的特徵與本書所說的螞蟻和蟋蟀的差異幾乎完全一致。

「解答問題的人在本質上是保守的。對他們而言，數學是由偶然碰在一起的一系列難題，也就是由好幾個阻礙前方的問題組成的障礙賽。他們認為表述數學問題所需要的數學概念，會在默認之中變成永久不變的概念。

（中略）解答問題的人對於概念的普遍化會感到憤怒，尤其是對那些或許會讓自己正在研究的問題，可以不解自明的那些概念的普遍化感到憤怒。」

保守加上對給出的條件毫不懷疑，這些人對普遍化、抽象化的反應也跟螞蟻類似。

對構建理論的人而言，數學中的至高成果是若干不可解的現象，突然被光照亮般解開的理論。數學的成功不在於解答問題，而在於使問題不解自明。解開古老的問題不足為喜，當發現了古老的問題不值一提的新理論時，就會迎來光榮的瞬間。

構建理論的人在本質上是革命的。比起未發現的數學概念，自過去傳承下來的數學概念在他們眼中，只是概念不完全的一般具體例子罷了。

這些敘述與「革命性」蟋蟀的思路完全一致。

此外，以下所說那種「往往不被理解」的情況，也是蟋蟀的典型特徵。

「構建理論的人，在數學家的世界裡往往得不到認可。」

此外，在日本的歷史上還能見到其他例子。司馬遼太郎認為幕末明治維新的志士們也有「創造型才能」和「處理型才能」之別。他在《歲月》一書中做了以下的敘述。

首先，他舉出的「創造型」（＝蟋蟀）例子是江藤新平和大久保利通。

「在所謂的維新功臣之中，只有這兩人與生俱來擁有和他人不同的別種才能。或許該稱作創造才能。此處的創造，是指創建國家的基本體制。」

對比於「創造型才能」，司馬遼太郎所舉的「處理型才能」（＝螞蟻）例子是西鄉隆盛和大隈重信。他對這兩人作了以下的敘述。

「人的才能，大致上可以分為創造型才能與處理型才能這兩類。西鄉擁有出色的處理型才能，他把哲學和人格當作處理事情的原理。大隈也屬於這一類型，但他所用的原理並非哲學和人格，而是事務型才能。（中略）

總之，他們這些處理專家，對於要如何創建日本國家體制的這一點上，幾乎絲毫沒有實際上的抱負，即使對國家體制說過自己的雄心壯志，也沒有為了創建國家體制挺身而出，缺少那樣的關心和熱情。

唯獨大久保和江藤擁有創建國家體制的才能，也具有那樣的關心和熱情。只有這二人把設計體制當作自己的專業，胸懷自信，並且自然而然地就任那個職務。」

商界也同樣如此，我們常常可以看到，解決問題型人才與發現問題型人才的對比。其中的結構是身為創業期夢想家的蟋蟀，以及在實務上給予支持的螞蟻。此外，在傳統大企業或社會中常見的結構，可以說大都是由志在成為創新者的蟋蟀，以及阻礙創新者的螞蟻這個「抵抗勢力」組成。

●在「二維」中，螞蟻常占有絕對的優勢

「發現問題型」的蟋蟀和「解決問題型」的螞蟻，兩者的思路和行為模式完全相反。那麼，如果螞蟻和蟋蟀「同居」，會發生什麼情況？實際上，如果「螞蟻」和

「蟋蟀」在「同一個擂台」上競爭，幾乎都是螞蟻型的人會獲勝。換言之，當組織裡面有「兩種不同類型的人」一起活動、決策時，通常都是螞蟻的主張比蟋蟀的主張更容易通過。

原因之一可以從前文所述的「二維的螞蟻與三維的蟋蟀」的差異中找到線索，也就是可以從以固定變數思考的螞蟻，與能夠自由增加變數、提高思維自由度的蟋蟀的差異中找到線索。「不同維度的人」在同一個擂台對抗，需要「將變數配合到維度低的一方」。不同變數之間無法比較，所以為了相互比較，必須使變數一樣。

以體育運動為例，假如只用手攻擊的拳擊選手，和手腳並用的自由搏擊選手「公平地同台」較量，自由搏擊選手就不能用腳。

在這種情況下不難推測，平常都只用手攻擊的拳擊選手，一定會比之前都是手腳並用的自由搏擊選手更占優勢。

講回螞蟻和蟋蟀，由於螞蟻始終只在自己平時所面對的變數中較量，所以蟋蟀總是以「綁手綁腳」的狀態，在螞蟻擅長的領域內作戰。如此一來，誰勝誰負顯而易見。講得更淺顯易懂一點，（翅膀和後腿無法使用）「不能跳的蟋蟀」與正常狀態的螞蟻在二維擂台上較量，獲勝的當然是螞蟻。

正如前文所述，在組織中的各種決策場合中，如果只有「短期成本」這一變數需要思考的螞蟻，與在此基礎上還要在（加上「營業額」「時間」等變數）「長期利益」這個「更高維度」上思考的蟋蟀辯論時，那麼螞蟻和蟋蟀都只能以更易理解的短期成本當作評估的變數。

再從更大的視角來看，螞蟻只有思考能用「數字」表現的變數，蟋蟀更重視不能用數字表現的變數，兩者的決策只能基於（作為「最大公約數」的）數字進行，所以會趨向於重視（能讓全員同台辯論的）數字。最後，團體的決策只會「趨向於容易理解的一方」。

● 蟋蟀在螞蟻窩裡跳不起來

組織會像這樣趨向於「容易理解的一方」，而且這種趨向基本上是不可逆的，無法輕易後退。在「飛行工具」被禁用的狀態下，蟋蟀無法發揮全力，結果只能戰死。因此在一個組織裡面，螞蟻所占的比例會愈來愈高，而且這個趨勢是不可逆的，但這未必就是壞事。一般來說，組織愈成熟，就愈會「重視改革」，這也可以說是必然的變化。發現新問題，也就是破壞性改革的創新契機，這個職責只有蟋蟀可以承擔，但在螞蟻和蟋蟀「同居」的狀態下，蟋蟀將很難發現新問題，很難將其作為問題重新定義並具體化。

這裡存在的根本性困境在於，組織裡螞蟻的比例愈高，改革的必要性就愈高，但愈是如此，蟋蟀就會愈來愈沒有立足之地，「變得無法跳躍」。

要想引發破壞性的改革，需要讓這樣的蟋蟀型人才發揮出十成的力量。螞蟻也理解這一點，但實際上如果螞蟻和蟋蟀「同居」，決策時一定會產生前文所述的對立結構，然後螞蟻的邏輯獲勝。在結構上，蟋蟀無法發揮出全部力量。

以「封閉體系」為前提的螞蟻和以「開放體系」為前提的蟋蟀，在組織這個「封閉體系」內同居，這件事本身就是自相矛盾的。總是根據「巢穴的邏輯」行動的螞蟻，與根據「上位目的」思考、不顧巢穴利害而行動的蟋蟀，兩者的思路永遠是兩條平行線。

同時，一切全都仰賴過去知識和經驗的「存量型」螞蟻，在決策時最重視的也是「前例和實績」。相對而言，蟋蟀會毫不抗拒地拋棄先前累積的知識和經驗，認為「有用的東西要徹底活用，但陳舊的東西就沒必要固守了」，純粹忠實於未來、理想和上位目的，做出理智的決策。

●互相怎麼看對方

思路不同的螞蟻和蟋蟀互相怎麼看對方呢？下面我們從組織應該如何對待成員的思路，才能讓成員發揮最大能力的視角來討論。

首先，螞蟻怎麼看待蟋蟀？對螞蟻而言，蟋蟀是螞蟻從「二維世界」看到的「三維」生物，是名副其實的「異次元生物」。

螞蟻居住的二維空間是一個平面，也看不見該平面以外的任何三維活動，只能看見投影在二維空間的部分截面。因此在螞蟻看來，蟋蟀「不認真工作，總是跑到『某個地方』（異次元空間）玩」。

而且在螞蟻的世界裡，遵守已定事項是大原則。在螞蟻眼中，本來就很少待在二維空間的蟋蟀是「連已定事項也做不好的大懶蟲」。

英國數學家、教育家艾勃特（Edwin Abbott Abbott）在其著作《平面國》中，對這一結構做了完美的描述。

圖3-27　二維的居民無法認識三維的「球」

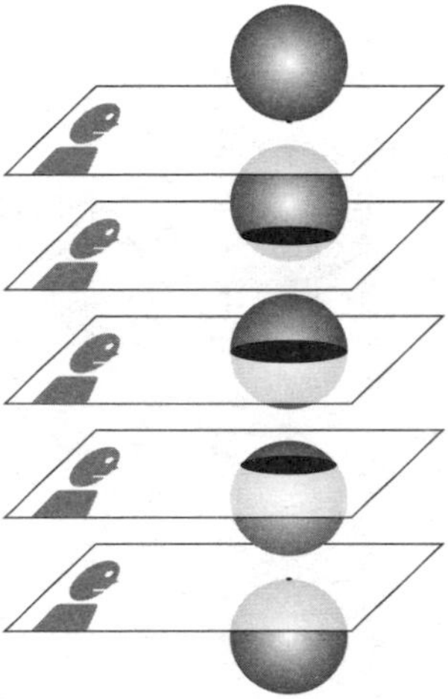

二維世界「平面國」的居民螞蟻，無法認識三維空間的「球」。因此，即使像圖3-27那樣，球逐漸穿過二維世界，螞蟻也只能看見投影在自己這個世界的二維圖形的「圓」，從最初的點逐漸變大，然後又逐漸縮小，直到變成點後消失。

「變數少」指的就是在這種狀態下，無法認識到自己所沒有的視角這個變數（在本例中就是圓的「厚度方向」）。

從螞蟻和蟋蟀的故事來看，螞蟻並不具備蟋蟀所擁有的視角這個變數，所以無法在真正意義上理解蟋蟀的想法（根本連「存在其他變數」這件事本身也想不到）。

像前面的「球」那樣，蟋蟀經常會在螞蟻的視野中消失不見（就像三維的居民經常看不見四維的居民）。在這樣的狀況下，蟋蟀在螞蟻眼中就是「不幹正事，總是不知道跑去哪裡摸魚」的傢伙。

正如《平面國》中所描述的那樣，在螞蟻看來，蟋蟀的言行總是很「跳躍」。透過「維度的不同」，就能清楚地說明其中的道理。正如前文所述，在日常生活中，「維度」也可以說是「變數的數量」或「視角的數量」。

對於下屬而言，上司的言行經常顯得「跳躍」或「變來變去」，原因之一就在於下屬「看不見的隱藏變數」。例如，「目的」這個視角就是如此。如果只能看見用於實現特定目的的手段，則「昨天所說的手段」與「今天所說的手段」可能就會顯得完全不同，但若確實掌握「目的」這個上位概念，透過先升至上位概念，再於其他地點降至下位的解釋，就能充分理解昨天與今天的手段為什麼會變得完全不同了。

蟋蟀有時候會向螞蟻強調「外面的世界很美妙」，問螞蟻「為什麼要把自己關在狹小的世界裡，自己約束自己」。螞蟻對此是無比厭惡的。

但同時，螞蟻也會打從心底羨慕擁有「自己世界」的蟋蟀。然而無奈的是，自己無法「追夢」，因為自己沒有「飛行工具」這個「追加的變數」。

如果將「時間」和「金錢」當成是追夢的變數思考。對螞蟻而言，時間也好，金錢也好，都是「難以追逐」的對象。也就是說，螞蟻還局限在「金錢和時間都是被人設下外框的東西」的思維中。螞蟻常說的口頭禪是「要是有充足的時間，想在南國島嶼悠閒度日」或者「要是我中了幾億日圓的彩券……」

為什麼會說這些話呢？因為「要是有無限的時間……」「要是有數不盡的錢……」這些假設都只是「牆外非現實的話」，所以螞蟻的突發奇想發言只能跳到這裡。

相反的，對蟋蟀而言，時間和金錢都是「可以追逐」的對象。也就是說，蟋蟀把時間、金錢都當作是自己能夠控制的變數，所以能實際擠出時間做一件事，或是賺錢做一件事，寫出連續又現實的劇本。

那麼，蟋蟀又是如何看待螞蟻呢？

一言以蔽之，就是被關在狹小監牢裡的「囚犯」。因為螞蟻「安居」在維度有限的世界裡，堅信「牆外的食物不可能吃到」。蟋蟀即使想告訴螞蟻三維立體空間有多麼自由和美妙，無奈螞蟻沒有空間軸，所以根本沒辦法說明。螞蟻固定住「變數」，深信封閉的領域就是整個世界，將所有精力集中在如何使領域內部變得更好。瞭解「廣闊世界」的蟋蟀會覺得螞蟻「為什麼不多看看外面呢」，簡直是恨鐵不成鋼。

蟋蟀想讓螞蟻知道「外面世界的美妙」，可是根本無從說起。即使蟋蟀提起外面的世界，螞蟻也不會表示關心。根據螞蟻的思路，螞蟻是完全無法理解蟋蟀的。

●透過「後設層級」克服對立結構

「螞蟻與蟋蟀的對立結構」在各種組織或團體裡都能見到，可說是「永遠的課題」。當然，正如前文所述，這個對立結構並不能簡單地分割為「誰是螞蟻誰是蟋蟀」，因為一個人的人格之中往往同時存在這兩者，組織裡面也同時有具備螞蟻要素的人和具備蟋蟀要素的人，彼此錯綜複雜地交織在一起。不過，就「視角」這個意義的對立結構來說，或多或少與本書所提到的內容是相吻合的。

應該怎樣思考才能克服這種對立結構呢？這裡的關鍵字是「後設」。關於這個關鍵字，後文還會談到，簡言之就是指以「上位概念」客觀審視的視角。

如前文所述，和螞蟻「混在一起」的蟋蟀會「被扯後腿」，使蟋蟀的能力得不到發揮。這裡的「混在一起」，是指在一個封閉組織或考核制度下（多數場合會配合螞蟻）一起活動（在前文中描述為「蟋蟀在螞蟻窩裡跳不起來」的狀態）。

那麼，螞蟻和蟋蟀怎樣才能做到共存共榮呢？

首先，螞蟻和蟋蟀各自為政地同居是最不好的，因為雙方的決策方式不同，對待工作的態度也完全相反，所以無法磨合，不能發揮能力、無法互相截長補短。因此，首先要做的是從上位，也就是從更高維度的視角來認識「思路的差異」。

例如，在商品企畫等決策場合，螞蟻認為只應該推展那些靠「過去的實績和邏輯」確實就能進展順利的企畫，蟋蟀則認為「因為做的是史無前例的事，所以只有做過才知道是怎麼回事」。即使兩者「同台」辯論，蟋蟀也毫無勝算。

發現問題是蟋蟀的職責，螞蟻則負責「妥善整頓既定框架內部」的重要任務。粗略地說，這個世界九成以上是由螞蟻構築起來的，螞蟻始終盯著「現實」，重視具體的思考和執行，支撐現實社會的是螞蟻。不論組織還是社會，如果都是追逐「理想」的蟋蟀，後果將不可收拾。

然而，光有螞蟻的社會或組織必然會隨時間而衰退。這是因為，「在封閉體系內」以「固定變數」方式思考並行動的螞蟻，容易變得目光短淺，故步自封。

更進一步來說，讓蟋蟀住在「『組織』這個封閉體系」裡，這件事本身就是矛盾。所謂破壞性改革，從其定義來看，本來就與既有的技術和企業不連續，意味著身為「無產者」的創新者向身為「有產者」的權力階層發起挑戰之後，或失敗或取而代之的過程。

因此，蟋蟀本該「在螞蟻的組織之外」活動。

僅靠螞蟻的思維無法管理蟋蟀，反之亦然。當螞蟻和蟋蟀混在一起時，必須在理解兩者特性的基礎上加以區分、利用，做到人盡其才。也就是說，需要從一個上位視角看待兩者的「後設層級」管理。管理者既可以是螞蟻，也可以是蟋蟀。關鍵在於「能從上方俯瞰兩種思路」。

兩者可能是既有組織和專案組織的形式，也可能是總公司和分公司的關係，還可能是在同一個組織裡「組合」其他職務的關係。總之無論如何，如果不能明確區分這些思路，做到人盡其才，結果只會讓蟋蟀變得無法跳躍，一再重複相同的錯誤。

「混合」與「組合」看似一樣，實則完全不同。所謂「混合」是指無視個體的個性，姑且先混在一起，以一個原理統整起來，這樣做會抹殺所有的個性。相對地，所謂「組合」，是指在充分理解所有個體個性的基礎下，透過後設層級思考出最佳組合，以便最大限度地活用所有個體的個性。

一個是把「砂糖和鹽」無秩序地簡單混合起來做菜，一個是透過最佳的組合方式來做菜，只要想想兩者的區別就明白了。隨便地混合只會做出毫無用處的廢物，只有靈活組合地調味，才能做出最可口的菜。

人才的運用也是一樣。遺憾的是，有些人嘴上說著「多樣性」，卻只是把人才簡單地「混合」起來，結果導致人才的個性遭到抹殺，這樣的例子可說不勝枚舉。

●決定是螞蟻還是蟋蟀的性格和環境

對比螞蟻和蟋蟀的最後，我們來講講會造成這兩種思路的性格和環境。直接來說，會出現這兩種不同的思路，很大程度上是天生的性格加上後天的環境因素造成。

那麼，什麼樣的環境會造成怎樣的影響呢？

在「權力階層」這個傳統的、大規模的、有名聲的「有產」組織裡，容易養成「螞蟻的思維」。這種思路會以維持並發展既有的「帝國」為最優先，所以會在自己築起的牆裡面思考事物。

而且在這樣的環境下，根據舊有想法思考，以及「重視前例」的風險是最小的。相對而言，適合「蟋蟀思維」的典型環境，是「無產」挑戰者這類創業型的公司等組織，身處其中必須具備創業家精神和不區分牆內外的「開放體系」思維。

擁有「開放體系」的蟋蟀型思路的人，是站在所謂「超體制」的立場上。這裡故意不使用「反體制」一詞是有道理的，因為用「牆」分割出體制和反體制，定出牆內和牆外的思維本身，就是「封閉體系」的思維。

相對而言，「超體制」是從牆的上方俯瞰全域，在其眼中是零基礎的，沒有牆。「開放體系」指的就是這樣的思路。

所謂權力階層，指的是已經擁有累積而來的各種「資產」「失去的東西會很多」的人或組織。現在擁有的愈多，「向心力」就愈大，從牆壁往內側思考的向內傾向就愈強。

一般來說，年長者或「在人生道路上已經獲得成功的人」，可稱為「失去東西會愈多的人」。反之，「沒有（少有）東西可以失去的人或組織」成為蟋蟀型思路的可

圖3-28　容易變成螞蟻型思維的人和容易變成蟋蟀型思維的人

「螞蟻型思維」	「蟋蟀型思維」
有害怕失去的東西	沒有害怕失去的東西
知識、經驗豐富	知識、經驗淺薄
地位高	地位低
權力階層	挑戰者
年長者	年輕人

能性就愈高（圖3－28）。

思路的形成由與生俱來的性格和環境決定，以此為前提，自己認識到自己原本在哪些要素上占優勢，再考慮環境的影響，思考如何發揮自己的長處，克服自己的短處，才是重點所在。

PART 4

發現問題所需的「後設思考法」

提升維度發現問題

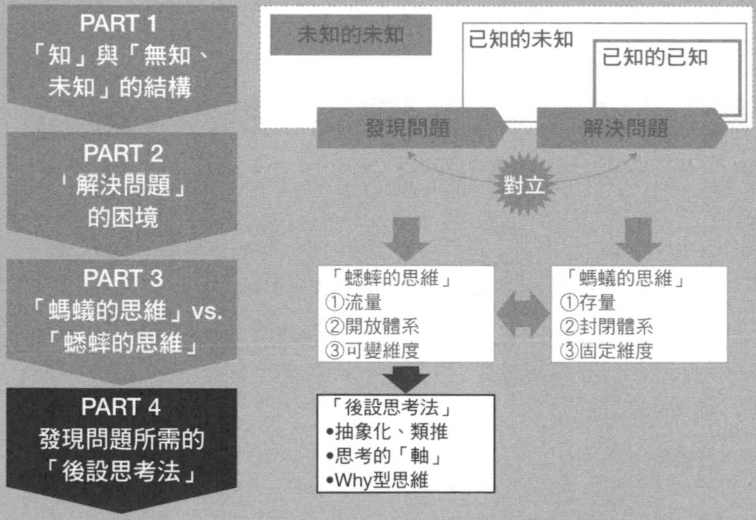

PART 4的整體概念圖

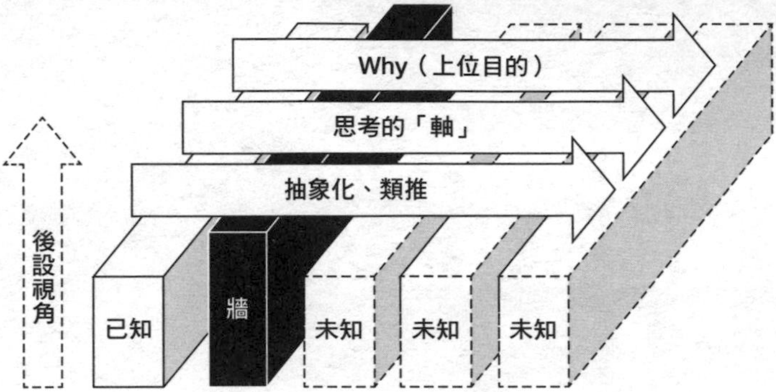

PART 4的重點

- 介紹三種透過提升視角或思路的「維度」，來促進發現未知領域問題的「後設思考法」。
- 透過「抽象化、類推」提升維度。找出已抽象化之層級上的共同點，就能找到與遙遠領域的關聯，從其他領域獲得新的創意。
- 透過升維「思考的『軸』」。不是關注個別事象，而是在更高一層的「思考的『軸』」上理解事象，如此就能發現自己的思維盲點，同時意識到新視角的存在。
- 透過詢問「Why（上位目的）」，也就是問「為什麼」來提升維度。例如，以手段→目的的形式升至「上位目的」，就能不受具體手段的限制，正確地定義問題，想出本質的解決手段。

PART3主要透過對比螞蟻和蟋蟀思維，分析了「解決問題型」思考法與「發現問題型」思考法的差異。對於發現問題而言，以「重視流量」「開放體系」「可變維度」思考的「蟋蟀思維」至關重要，即使針對同一個事象，也能發現與「螞蟻思維」完全不同的問題。

PART4會分析，為了從新視角重新定義問題而將思路「升維」的「後設思考法」。透過「開放體系」的思維能夠「跨越障礙」，再透過繼續「升維」至上位概念，從而發現新的思考的「軸」和「變數」。

關鍵字是「後設」和「上位概念」。蟋蟀「跳躍」的概念，也就是用更高一級的維度（變數）「浮至上位層級」的概念。

這正是「以上位概念思考」，而這樣的上位視角在這裡用「後設」來表示。

PART1中舉出思考創意的例子，「便利商店裡有賣的東西／沒賣的東西」，其中也出現了「上位概念」的思維方式。其中的例子從「大件」「貴重品」等抽象化的關鍵字出發，想到了「超過一公尺的東西」「超過十公尺的東西」，然後從中想出了車、房子等便利商店裡沒賣的東西。

在這個過程中，並沒有逐一挑出商品或東西，而是透過高度抽象的詞彙分類，在這個層級上擴展思維後，再思考各自互相對應的具體例子。

在PART4之中，我們將正式探討應該如何應用上位概念，同時介紹三種具體的思考法，包括「軸」的用法。

4.1 上位概念與下位概念

思考中的上位概念，一般多指抽象度的高低。也就是說，抽象度愈高的愈是「上位」，愈具體的愈是「下位」。

本書將稍微擴大定義這個概念，根據後述的相對性比較來理解「上位」「下位」，然後把這個概念的定義，擴展到本書所說的解決問題的「高低維度」。

● 上位概念是指用來思考的解釋層

本書對於上位概念採用的是以下的觀點，「為了從諸多事實中產生新見解時，用來達成此一目的的思考層級」。簡單來說，上位概念就是「用於思考的概念層」。上位概念與下位概念是一種相對的概念，經常會將兩種概念拿來比較。

圖4-1　上位概念與下位概念的差異

下位概念	上位概念
基礎	後設
個別事象	思考的「軸」
個別事象	相關性／結構
具體	抽象
手段	目的
N維	N＋M維

正如PART1中關於無知的敘述，要想發現問題，首先必須認識到上位概念中的無知，然後在這一層獲得新的畫線和見解。

為了使「上位概念」和「下位概念」的對比形象更加明確，我們從不同的層面切割兩個概念比較，其對比圖如圖4-1所示。下面就來解說符合這些對比的例子。

關於「下位」和「上位」關係的第一個例子，是「事實」和「解釋」。正如PART1所述，事實是客觀且個別的觀察對象。人類的思路對事實進行某種解釋，也就意味著「提升至上位概念」。

與此相關的上下位概念是「具體」為下位概念，「抽象」為上位概念。同樣如PART1所述，解釋的典型是「分」「連」的「畫線」，而畫線的代表性產物就是「抽象化」。

而抽象化的產物——「思考的軸」和「框架」也是上位概念的代表例。關於「思考的軸」，後文還會詳述，其特徵是由「方向性」和「極」構成。容易理解的軸的例子，可以舉出「尺寸」「價格」等用數字表現的變數。數學中坐標「軸」的概念也與這裡所說的「思考的軸」類似。

「畫線」的一個典型例子是框架。這裡所說的框架，指的是透過上位概念的組合，以俯瞰方式，對某個特定領域的相關一切，分類、整理後的大的概念性構架。將事象「套入框架內」思考，對事象分類、關聯（「分、連」）後，就能發現自己的思維盲點。

此外，手段與目的，其中的「目的」也是上位概念的應用例子。相對於具體的、唯物的手段，目的多是未發生的、不可見的。從這一點來看，目的可以說是屬於上位概念。

若將目的視為「與未來的關聯性」，那麼原因便是「與過去的關聯性」。「因果關係」也屬於解釋的上位概念例子。而這些「與過去或未來的關聯性」，可以用「為什麼」這個疑問詞來表現。

此外，要想客觀地看待「自己」這個對象物，就不能只靠「是自己還是自己以外」這種「二選一」的思維方式，而是需要有「自己⇕他人」這樣「思考的軸」，以便使自己能夠和他人對比。如果將「自己」理解為封閉體系，就會變成PART3中的螞蟻視角，始終以自我為中心思考，堅信牆內是聖域。「後設思考法」並非如此，它是一種「從更高層級觀察」自己的思維概念。

用上位概念思考，是人類的特權。動物基本上只能在下位的具體層上運用智慧，只有人類才能用上位概念思考。

上位概念被定位為人類的最大優勢，然而諷刺的是，人類在智慧上的最大弱點也來自上位概念。

高度的智慧活動存在於應用上位概念之中。

為了更進一步論述上位概念和下位概念的使用思維，下面來看看這些關係的其他應用例子。

圖4-2　後設認知的示意圖

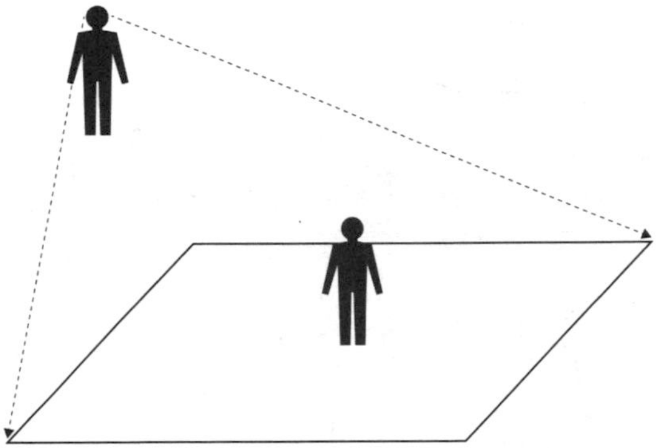

●上位概念是指根據「後設」視角來思考

在「無知之知」中論述的「從更高層級觀察對象」的「後設」視角，也是上位概念的代表例子。相對於「以自我為中心」的思維方式，它是「客觀地看待自己」的視角。儘管人們只會以自我為中心去思考事物，但即便如此，在這種情況下，盡力「客觀看待自己」的視角仍屬於「上位概念」。這是被稱為「後設」的思維方式。所謂「後設」，常被用於「從更高一層的視角俯瞰事物」的這個概念之中。例如「後設資料」，指的就是「關於資料的資料」。

「後設認知」的示意圖如圖4-2所示。從示意圖中可以得知，後設認知就是「從上俯瞰」自己的意思。

人們在思考新創意時，經常說「不要有先入為主的想法」「不要拘泥於常識」，但是對聽者而言，這些話是非常難以理解的。因為只要不能客觀地看待「具有先入為主之想法的自己」「拘泥於常識的自己」，自己就無法認識到這種狀態。

如前文所述，要想認識到「常識之牆」，第一步必須「俯瞰」那道牆，掌握不拘泥於常識的狀態，而這就需要「後設認知」。

反之，如果不能擺脫以自我為中心的思維方式，就無法做到「後設認知」。例如，在認為自己的價值觀是「世界中心」的狀態下，對於偏離該價值觀的事物會全部否定，無法接受。這就是所謂「頭腦頑固」的狀態。要想使頭腦變得柔軟靈活，首先需要將已經凝固的狀態歸零，這就是上升至後設認知的上位概念。

人類只會以自我為中心去思考，這很可悲。覺得「只有自己是特殊的」「只有自己吃虧了」，覺得「別人不理解自己」，甚至全沒意識到是自己「想偏了」。最想對別人說的是抱怨和自誇，最不想聽別人說的也是這兩樣。

人類就是這樣的生物。

●脫離「現在、這裡、這個」

將「後設認知」稍作擴展，能否客觀地看待自己，關鍵在於是否能夠把自己放在某個坐標軸上客觀看待，而不是站在自我為中心的視角。

不光是不站在自我為中心的視角，還要能站在「自己和他人」這一對立軸上觀察，或者視自己為萬眾之中的渺小一人，這就是「後設認知」的視角。

應用「後設認知」的視角，把自己映射在連接過去和未來的時間軸上，就能獲得「現在的自己」視角。而且，如果映射在空間軸上並俯瞰，就能客觀地看待「身在這裡的自己」。再從具體⇕抽象的視角來說，不能把自己看成個別的特殊存在，而是應該當成普通的存在。

也就是說，從「現在（時間軸）、這裡（空間軸）、這個（具體⇕抽象軸）」的視角出發，將時間軸、空間軸、具體⇕抽象軸擴展開來看，就是後設視角。反之，在執行某事的時候，集中精力於「現在、這裡、這個」的課題，不考慮其餘的事，往往能夠進展順利，然而一旦精力過於集中，就做不到「退一步」思考了。一味地站在「當事者視角」，也是有利有弊的。把自己這個點放在「軸」這條線上，剛好意味著「增加維度」。

例如，電子檔案名中經常出現「最新版」的字樣。這在命名的那一刻確實是正確的，但隨著時間經過，在「下一個最新版」出來以後，如果這個「最新版」依然殘留，就會搞不清哪個才是真正的「最新版」。

這一現象源自於缺乏在時間軸上的後設視角。如果只有「現在的自己」視角，即時製作的檔案就會全部成為「最新版」。但這裡缺少了「現在的自己」正在走向未來的視角。

如果以更高一層的「後設視角」觀察時間軸上的自己，就會發現「現在的自己」只是「○○年××月△△日□□時☆☆分」的自己。

換句話說，（不具備「後設視角」的）下位層級視角，可以說是以自我為中心的相對坐標的視角，「後設視角」則是絕對坐標的視角。

下面再舉個在空間軸上，以後設視角觀察的例子。比如指路的時候，這種「視角的差異」就會表現得很明顯。所謂「這裡」的視角，是指以自己走在現場的視角開始說明。如果是從某個車站開始指路，就會先以「走出驗票閘門的自己視角」開始說起。

這種場合的特徵是，指路人會採取以自己為中心的視角，使用「左」「右」來說明，指路的表現程度會因真實性而有所增強。然而，對於想不出那種光景的人而言，想像力必定是不可或缺的，一旦有一個地方弄錯，就會分不清接下來應該是向左，還是向右。

相對而言，從上方俯瞰地圖，根據地圖中的自己客觀地指路，就是「後設視角」。這種場合的指路會用「東」「西」代替「左」「右」，藉助對所有人而言都一致的絕對坐標。相較於前面的例子，這種指路方式雖然比較一板一眼顯得枯燥無味，但具有不會出現嚴重錯誤的優點。

要想察覺自己的先入為主想法，後設視角非常重要。為此，需要使用「東西」「南北」等對所有人而言都一致的「坐標軸」。

●「無知之知」是「後設認知」的產物

作為本書的主題之一，蘇格拉底所提倡的「無知之知」概念，就是「後設認知」的產物。蘇格拉底並不是在說「無知」本身是問題，而是在說後設層級的「無知的無知」，也就是沒有認識到自己的無知，才是最大的問題。

從「高一個層級的視角」觀察有問題的狀態，認識到那裡有問題，就是「後設認知」的視角。

也就是說，「有問題」這個狀態本身當然也是問題，「沒認識到有問題」則是本質的、根本的課題。

例如，說著「啊，我醉了，我醉了」的醉漢，與說著「我完全沒醉」的醉漢相比，哪個更「沒酒品」？

此外，未能做到「後設認知」的例子還有以下這些。

- 「扯後腿的人」不知道自己正在扯後腿。
- 對某個現象「不理解的人」，沒意識到自己不理解（所以會覺得那個現象「很奇怪」）。
- 「說話難懂的人」不理解「自己的話哪裡難懂」（如果知道哪裡難懂，問題就相當於解決了）。

這些例子都（沒意識到自己）陷入了PART1所述的「範圍的無知」和「維度的無知」。也就是說，「無知之知」是「察覺」的問題，能夠幫助察覺的後設認知具有很大的功用。

4.2 透過「抽象化、類推」升維

接下來的三節，將介紹三種「利用上位概念思考」的手法。第一個方法是透過「抽象化、類推」升至上位概念（圖4-3）。

談到上位概念時，最基本的思維方式是具體與抽象的對立概念。關於「事實」與「解釋」的關係，前文已經闡述過。若將個別事實視作具體，在解釋這個具體事實時，根據某個共同點將其他特徵都排除，將之視為「同一範疇內的事象」的解釋，就是抽象。顧名思義，抽象意味著「抽取特徵」。

透過「抽象化」這個思維概念，人類的智慧才能獲得飛躍性的進步。各門科學的「定律」，也可說是來自抽象化，定律也就是不同事象之間的共同規則。抽象化適用於眾多事象，可謂是效果顯著的定律。

科學的進化，就是找到各個特殊事象之間的共同點，得出定律，再將這些定律應

圖4-3　透過「抽象化、類推」升至上位概念

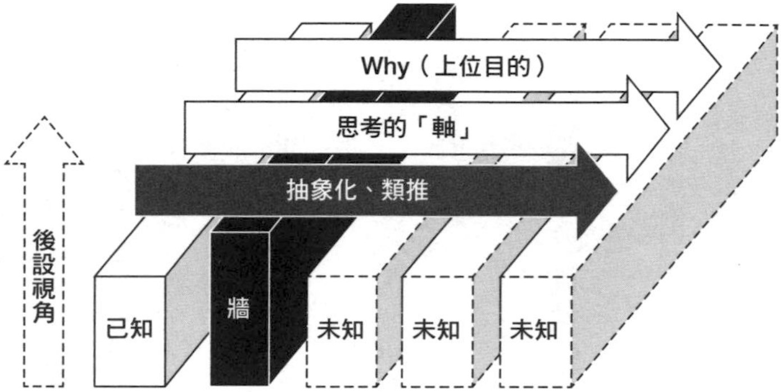

用到各式各樣的事象中。各類科學技術的進步，基本上都是遵循這個原則。

●「分類」是源自於抽象化的上位概念

同樣地，「分類」也是抽象化的產物。「找到共同點後概括在一起」，接著「分類」，「分」的行為也是一體兩面的關係。要想做到「分」，就必須如PART1所述，要進行畫線並在其兩側找出共同點。分類學發展之後的代表領域是生物學。這也稱為是科學的一種進化形式。

「分類」使人類的智力透過上位概念得以提升，但同時也造成盲目的自以為是，可謂功過參半。例如，「因為〇〇人是××……」便刻板地做出決定，就是其中的錯誤代表。

人類透過分類整理知識得以進化，可是一旦分類，原本只是在人類「腦中」所畫的分界線，就會被當成不可違背的金科玉律。這便是前文所述的「常識障礙」。

抽象化也就是簡化。由於抽象與「捨象」是一體兩面的關係，所以一旦抽取有限的特徵，其他特徵就會被全部捨棄，因此剩下的特徵會變得極其簡單。

具體指的是個別事象，抽象則是將其「概括」的行為。因此，愈是向「抽象化」這一上位概念前進，就會愈簡化，愈趨向於整體的結構化。因為抽象度愈高，整合度就愈高，最終會成為一個整體。

透過具體這一下位概念，能夠分散地觀察不同個體，而在抽象化的世界裡，則不得不考慮整體的關聯。

●「關係與結構」的抽象化

下一個抽象化的例子是「個體」和它們的「關係」或「結構」。這裡將兩個用語定義如下，兩個事象之間的關聯稱為「關係」，而有三個以上關聯結合在一起的多個事象間的關聯稱為「結構」。因此，後文即用「結構」一詞概括上述的概念。

圖4-4　個體與結構關係的示意圖

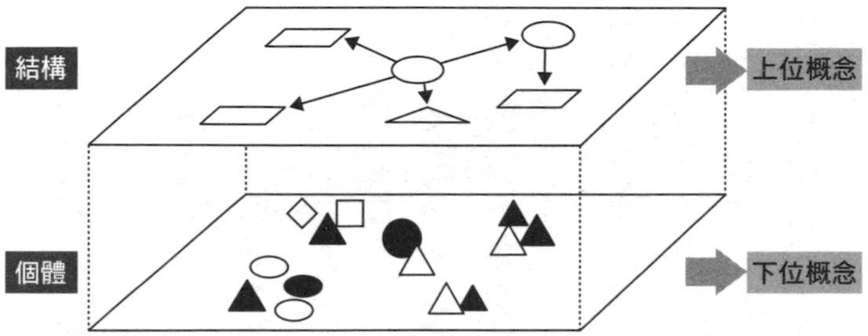

「個體」與「結構」關係的示意圖如圖4-4所示。

認識個別事實的狀態是下位概念；無視個別事象「本身」的特徵，僅著眼於它們之間的關係性是上位概念。想想我們學歷史時的情況就能了解。「○○年發生××戰爭」「○○年簽訂××條約」等個別事件是下位概念，它們之間的關聯及因果關係是上位概念。

關係性通常是看不見的，能操控無法直接看見的概念是人類的強項。然而，人類連實際並不存在的不必要關係也能「看見」，有時候這會變成人類的弱點。

後述的類推思維著眼於這裡所說的上位的關係和結構，這種聯結事象的類推思考法，與下位概念的視角不同，不過，這是解決根本問題和形成嶄新創意所不可或缺的思考方法。

迴轉壽司的創意來自工廠的生產線、魔鬼氈的創意來自虱母子（在草叢中會黏在衣服上的植物）……像這樣在乍看之下完全不同的領域中找出共同點，從而產生新創意就是類推思維。

這種「將相差甚遠的不同事物聯結起來」正是類推思維。其中的重點是尋找「乍看之下不同的共同點」。那麼，拿這個類推思維與前文內容的關聯來說，就是要尋找上位概念上的共同點，而非下位概念上的共同點。

例如，如果著眼於下位概念上的類似性，就算模仿同領域之競爭公司的功能或設計，也得不到嶄新的創意。要找出那些儘管在下位概念看來完全不同，但在上位概念看來卻相同的共同點，把它們聯結起來，才能得到嶄新的創意。「尋找難以發現的共同點」與創造性是息息相關的。

正如PART2所述，從發現問題到解決問題這個從「上游」到「下游」的過程，是先從具體升至抽象，之後再降至具體的過程。發現並定義問題，需要的是能夠以不帶預設和偏見的方式，觀察具體的「零維事象」，並將其抽象化之後概括成一個概念的能力。

圖4-5　發現、解決問題與抽象化→具體化的過程

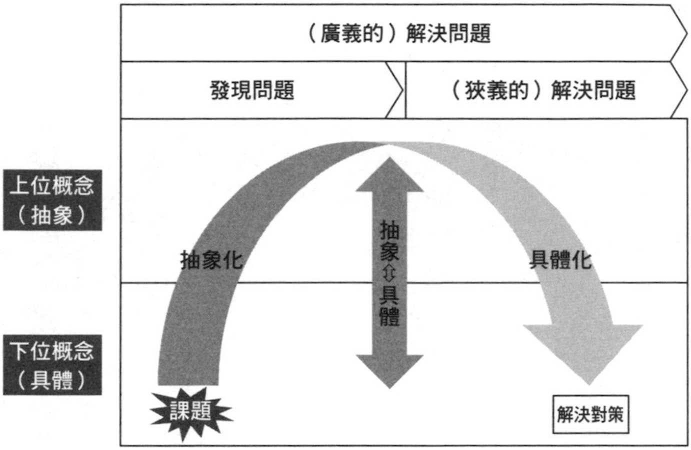

一旦透過抽象化完成了概念這一「畫線」，探討的方向就會轉向如何實現和執行的具體步驟。因此，抽象化可以說是從發現問題到定義問題這個最上游當中，不可或缺的能力（圖4-5）。

●不用方程式難以教算術的理由

「抽象」在很多人口中彷彿成了「難懂」的代名詞，這其實是大大的誤解。人類自身的思維方式或思路，比起動物來說是十分抽象的，一旦有人站在超出我們所能理解的抽象高度說話，我們就會覺得「聽不懂」。換句話說，一旦自己掌握了抽象的表達方法和理解方法，反而會覺得逐一具體表述的做法不僅很愚蠢，而且更難理解。

例如，請解答以下的問題。

【問題】買三支原子筆和兩支簽字筆需要六六〇日圓，買五支原子筆和三支簽字筆需要一〇五〇日圓。

那麼一支原子筆和一支簽字筆的價格各是多少？

一般來說，我們會建立聯立方程式，比如設一支原子筆的價格是 x，一支簽字筆的價格是 y，那麼……

$$3x+2y=660$$

$$5x+3y=1050$$

消去 x 或 y 的變數來求出答案。

然而，教小學生算數就不能使用方程式了。

一旦「不使用方程式」，這個問題對於大人也很難解答。這是為什麼呢？而「不能使用方程式」又是什麼情況呢？

方程式正是抽象化的產物。x、y等「變數」就是其中的代表。

這裡的重點在於，一旦學會使用上位概念，也就是抽象化語言的思維方式，就很難再使語言的思維方式降回到下位概念。也就是說，向上位概念的轉變是「不可逆」的。

「詞彙」和「數字」都是如此。例如，一旦學會了詞彙，不用它就很難解決問題。「專業術語」便是其中的典型。

抽象化是人類思維的基本，也很有難度。以超出自身極限的抽象方式說話，也就是以上位概念說話，別人會覺得「難以理解」。但另一方面，一旦自己學會了如何操控抽象化這個上位概念，再叫自己用下位概念去表達就會覺得很難。

例如，「一起去吃午飯吧」這句很隨意的話，也十分抽象。

如果將這句話當成思考實驗進行模擬，對完全只能理解具體事象的人（假設有這樣的人存在）說這句話，會發生什麼事呢？

A：「一起去吃午飯吧。」

B：「午飯是指什麼？不具體說我不明白。」

A：「抱歉，抱歉。那麼，一起去吃日式料理吧。」

B：「日式料理是指哪家店的什麼菜？太抽象了，我不明白。」

A：「喔。那麼……去街角的日式餐廳吃拉麵吧。」

B：「街角是指哪個街角？光是半徑五百公尺以內就有十個街角。請說得具體些。還有，光說拉麵，我不知道是哪種拉麵。」

多麼「累人」的對話啊。想必讀者已經了解，（在已經學會抽象化的人看來）一切都追根究底的溝通有多麼麻煩，有多麼「愚蠢」。

由此可見，我們並沒有意識到自己在日常生活中使用的詞彙通用性，已經經過抽象化得到提升，從而變得更有效率。也就是說，當自身達到上位概念的水準，就能享受到抽象化的好處，可是一旦談話內容的抽象度超出自己的極限，就會「因為太抽象而聽不懂」。

同樣的狀況在學習語言的場合也很常見。小孩子在學習語言時，不用意識到「文法」這個抽象化規則。但如果反過來，教那些已經掌握一定程度抽象概念和思維方式的國、高中生，學習外語或文言文，就應該「先從文法學起」。假如不用文法去教，就必須把所有詞彙作為一個個的個別事象具體學習。

● 抽象化沒有「普及」的理由

抽象化是人類智慧基礎中的基礎，也可說是區分動物與人類的決定性能力之一。詞彙和數字是抽象化思維的典型產物，只要想想生活中沒有它們的場面，就能了解抽象化思維有多重要了。

儘管如此，以「抽象」為首的上位概念卻多被人們用於否定句中，比如「那個人說的東西太抽象，聽不懂」「那完全是抽象論，缺乏現實意義」等。

對大多數人而言，抽象化這一詞本身就不夠熟悉。在日常生活中，由於抽象化未能讓人們認識到真實，所以往往遭到誤解。

之所以出現這種情況，部分原因還在於學生在學校教育中未能有意識地，清楚地用詞彙來表述抽象化。實際上正如前文所述，在自然科學和經濟學中理所應當使用的概念，其意義和應用卻未能滲透到日常生活當中。

只在具體的層級上理解事物，與配合抽象化理解事物，兩者的世界觀本身就是不同的。我們沒理由不有意識地運用抽象化。

而且，行動和實踐總是發生在下位的具體層級上。「抽象化」是「思考」所不可或缺的上位概念，但僅僅如此還是難以進入實踐的階段，比如前面提到的「那完全是抽象論，缺乏現實意義」的說法。將已經抽象化的概念降回到具體，是邁向實踐階段的關鍵一步。

抽象最大的優點是「應用範圍廣」，但這同時也會成為缺點，意味著「可以隨意解釋」。

算命師和預言者常用的說辭就利用了這一點。預言的用詞愈抽象，「應用的效果就愈好」，等於可以有各式各樣的理解方式。例如，預言者或算命師會用「健康方面或許會出現狀況」「工作中的溝通會出現麻煩」等抽象的語句預言。

其實我們所有人都有這些問題，但不可思議的是，聽者會將預言與自己的個人經驗連結起來，深信「預言說中了」。實際上，那些預言只是使用了抽象的措辭罷了，說中是理所當然的事。

●應用於抽象化的「類推」

人們常說，那些乍看嶄新的創意，其實只是既有創意的組合。只不過想要將既有創意變成嶄新創意，需要花點工夫，這時候需要具備抽象化，以及可以具體應用在抽象化的「類推」思維。

近年來經常引起熱議的「商業模式」，就是「借用」既有創意的典型例子，讓我們以這類「商業模式」的例子來說明類推的概念和其效用。商業模式的定義不一，這裡暫且定義為「抽象度高的『賺錢結構』」。「模式」一詞意味著它並不是單純的個別戰略，而是類型的樣式，因此就有可能跨越業種、商品和服務，套用在抽象度高的層級上。

從遙遠的領域借用

為了跨業種借用「商業模式」，不能只在個別具體事象的層級上觀察，還要在抽象化後觀察關係性和結構，而這個層級就需要具備「借用」的思維。並非借用事象間表面上的類似部分，而是借用在抽象層級上具有結構性類似的創意，這些創意可

圖4-6　透過類推「從遠方借用」

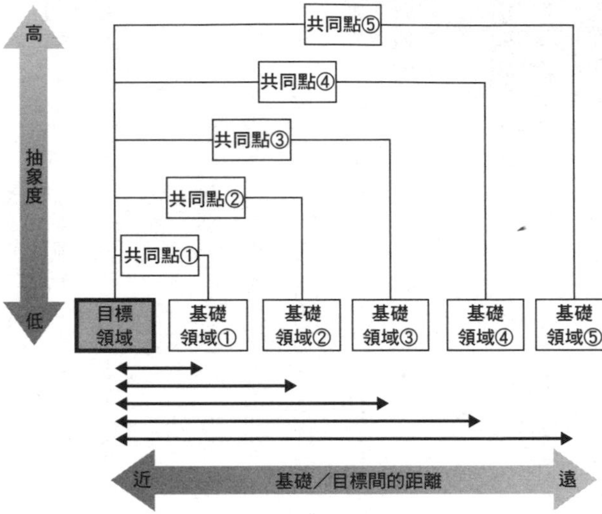

以從乍看彷彿很遙遠的其他業種借用，有時還可以從商界以外的領域借用。

簡單來說，「類推」就是從「表面上不同，結構上類似」的遙遠領域借用創意的思維。透過儘量從看似毫無關係的遠方借用創意，就有可能得到嶄新的創意和突破。

要想「從遠方借用」，需要高度的抽象化。愈是深入追求抽象化，逼近本質，「從遠方」借用的可能性就愈大。抽象化與類推的關係如圖4-6所示。

美國線上影音串流平台Netflix（網飛），就是使用抽象化的類推思維誕生新商業模式的著名例子。

一九九七年的某一天，一名美國男子在家附近的DVD出租店租借電影《阿波羅13號》，拖延了六周才還，被要求支付四十美元的附加費用（相當於該光碟售價的三倍）。他當時常去的健身房，只要每月支付三十~四十美元，即可享受不限時間的待遇，想鍛鍊多久就能鍛鍊多久。氣憤的他就想，能不能把健身房的這種收費模式應用在租借DVD上呢？他正是Netflix的創始人海斯汀（Reed Hastings）。自一九九九年開始，Netflix採用了這種包月制度，之後Netflix就在美國快速發展至今。

這個例子貼近生活，淺顯易懂，但這個例子也確實包含了在思考商業模式時的各種層面。它的步驟是先從「使用者的不滿」開始（顧客需求的具體呈現方式之一），將原本屬於個人經驗的非常具體的事象（大概在心裡）抽象化，在這個層級上從遠方借用其他業界的定價方式這個「模式」，然後再落實到DVD的租借上。

將這個流程看成是思維流程，然後進行模式化、一般化的過程如圖4-7所示。

基於抽象化的類推思維還有一個含義，在「從遠方」借用這一點上，「不連續性」類推特徵，不同於純粹的、邏輯性的「連續性」思維，從好的意義上來說，它能使

圖4-7　基於抽象化和類推的思維流程

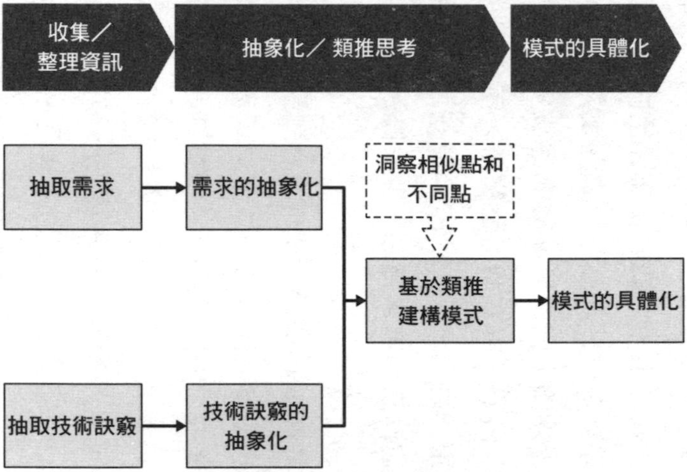

創意「飛躍」（到遠方），是特別適合催生商業模式這類新創意的思維方式。

也就是說，在思考「延伸現有商業」時，比起較適合的邏輯性思維，類推則是用來創造不連續的願景時更好的思維方式。因此，為了思考「延伸現有的商業」時，抽象化思維可說是不可或缺。

洞察相似點和不同點

透過抽象化，可以將商業模式的樣式切入點和案例組合，進行標準模式化。如此一來，就會變得更容易活用類推，但要想做到活用類推，關鍵在於得恰到好處地洞察「借用」的對方領域，以及分析該領域和對象領域之間，有什麼相似點和不同點。

常見的目光短淺思維方式有兩種。一種是認為自己的行業很特殊，覺得「其他行業或商界以外的例子沒有用」，緊閉心門，停止思考。這種思維絕對無法「跨越障礙」。換句話說，這就是一個「故步自封」的思維。

另一種則是過於一般化的思維，覺得「做什麼都能順利」。抽象化的程度愈高，一般化的程度就愈高，所以基本上應用範圍就會有所擴大，但這是有限度的，需要徹底認清那道無論如何都無法跨越的牆在哪裡。例如，如果帶著「人類大家都一樣」的想法，將其他國家的作法一般化，就會得到其他國家的作法「適用於全世界任何地方」的結論，但實際上卻存在著無法輕易跨越的牆，例如因為各種理由而絕對不能改變的習俗、氣候性問題、社會體系上的限制等。洞察這些的存在也是關鍵所在。

「縱向移動的落差」愈大愈好

如前文所述，由於「抽象」一詞給人的印象，使得抽象化往往會吃虧，所以最後來說一說抽象化的活用重點。

圖4-5對具體→抽象化→再度具體化這個流程分析，其中的關鍵在於，在最初和最後階段「最好說得夠徹底、夠具體」。這裡存在抽象化的一個盲點，對於抽象化這個詞，人們總是容易將其理解為使用抽象的詞彙或模式說話，然而追根究底，抽象化就是抽象「化」，最後得再配合再次降回到具體事象的「具體化」才行。

用來透過抽象化擴充創意的「基本材料」，最好儘量具有「通用名詞或數字」。與此同時，最終的商業模式也應該徹底描繪出具體的場面，以釐清使用者的樣貌。也就是說，「抽象化」也必須有徹底而具體的「入口和出口」。換句話說，所謂好的抽象化，重點就在於具體⇕抽象的「縱向移動落差」大。

反之，從抽象化的視角去看，有兩種「不好的模式」。一種模式是「從頭到尾停留在半高不低的抽象層級上」。例如開發商品時，假如採取「目前不合用，應該加以改善」的措施，則「入口」和「出口」都停留在這種半高不低的抽象表現上，又怎麼可能出現創新呢？而且，由於未能充分抽象化，也無法「跨越障礙」。

圖4-8　「好的抽象化」與「不好的抽象化」

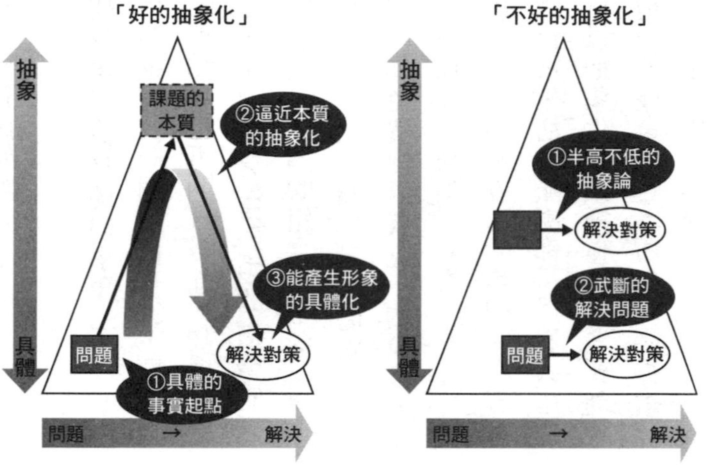

另一種不好的模式是「從頭到尾都停留在具體層級上」。例如修正網站設計時，「有人認為『○○按鈕不好按』，所以應該稍微向右挪」，這樣的改善或許比不改還要好，但由於問題本身未經抽象化，所以這個「小規模」的措施會變得武斷且流於表面，可能沒有解決到根本問題就宣告結束。

如果使問題抽象化，或許能找到「可能本來就不需要按鈕」這個「跨越障礙」的解決對策。這也可說是未進行「從手段到目的」這一抽象化的例子。

「好的抽象化」與「不好的抽象

化」的形象對比如圖4－8所示。

透過抽象化記憶身邊的事象

使用類推的另一個契機在於，要時刻透過抽象化記憶身邊的商品或服務。從前文所述的重點中也可明確得知，契機總是存在於現場和完整且具體的經驗之中。

例如，類似於Netflix中的價格制定，我們身邊的咖啡店晨間服務也存在多種「模式」。從「商品的組合和定價」這一切入點來思考，一般的晨間服務是把「咖啡和餐點」統一定價為「白天的咖啡費用＋α」，但也有咖啡費用不變，只有早上這個時間段「免費提供餐點」的模式，還有「加上超便宜價格（六十日圓起），就可以搭配多種任一餐點」的模式。

再比如說，迴轉壽司的定價（全部單一定價、每「盤」單一定價等）也是如此。在我們日常生活中隨處都可以看到這類「透過模式化來記憶差異」的教材。

這裡以抽象化和類推作為思考新商業模式的切入點。商業模式的概念包含了「賺錢結構」的商業本質，所以範圍很大。

因此，如何抓住新軸，就是尋找「藍海」商業模式的方法。所以如何找出這裡所舉出的抽象化的軸，因應潛在需求，就是成功的關鍵。也可以將這個思考過程理解為完全仰賴人的、無法說明的「藝術」，但是，或許我們也能活用這裡所講的思維方式，當成提示來找出可以重現的創意。

4.3 透過思考的「軸」升維

下一個升至「上位概念」的方法，是使用思考的「軸」。在意識到思考的「軸」的基礎上思考，就能找出思維的盲點，同時能從多種視角來驗證一個事物（圖4-9、4-10）。

「軸」是一個常被人隨口使用的詞，比如「思考要有『軸』」「那人發言的『軸』沒偏」等。

顯而易見，這是一個難以定義的詞，本書將其定義為「在觀察個別事象（即下位概念）時，用來當作基準的上位概念視角」。

本書所說的「維度」或「變數」的表現形態之一就是思考的「軸」。

這剛好與數學中增加變數的X軸、Y軸、Z軸這類坐標軸的感覺完全一樣。

這裡所說的「視角」代表什麼意思，大家可能還不是很了解，所以請回憶開頭的

圖4-9　透過思考的「軸」升至上位概念

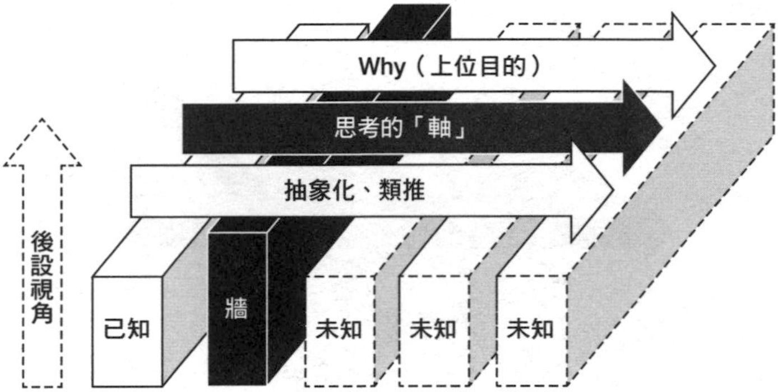

圖4-10 透過思考的「軸」跨越障礙

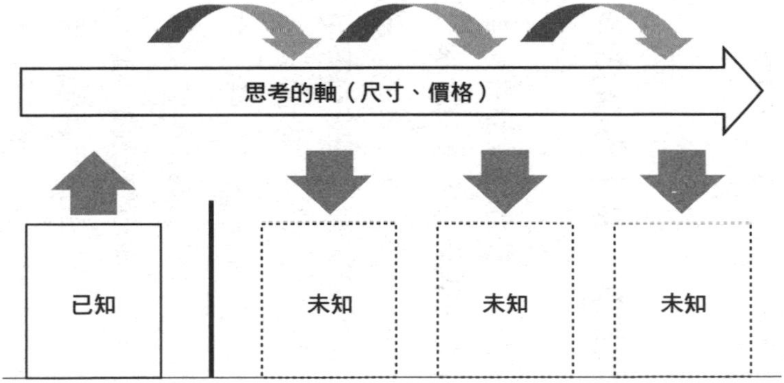

圖4-11　思考的「軸」示意圖

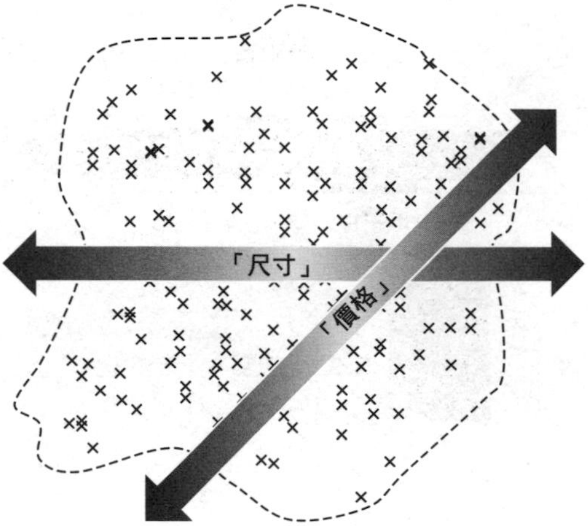

練習問題，「在便利商店裡有賣的東西／沒賣的東西」。

為了想出新創意而使用的一個概念是「尺寸」或「價格」等詞彙，這正是「軸」的例子。「軸」的示意圖如圖4－11所示。

像這樣使創意具備「廣度」或是尋找「死角」的時候，屬於上位概念的思考的「軸」（並非單純地排列出個別事象的思考的軸）是不可或缺的。

●思考的「軸」是指解釋的方向性

思考的「軸」，可說是用於解釋個

圖4-12　「無『軸』」的分類與「有『軸』」的分類差異

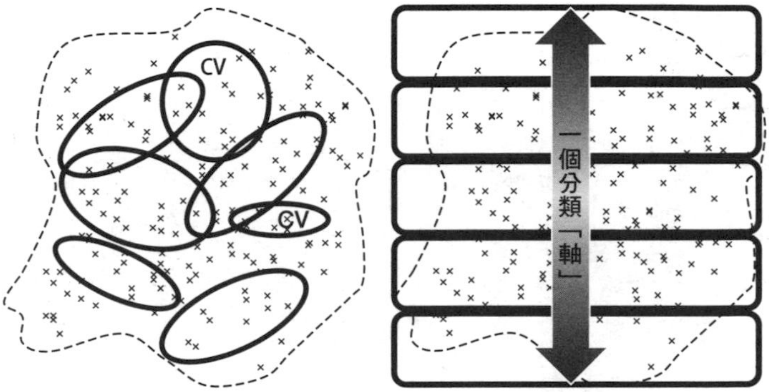

無「軸」的分類
（存在遺漏和重複）

有「軸」的分類
（不存在遺漏和重複）

別事象的事物觀。循著這個軸進行前文所述的抽象化和分類，就能產生新見解，進而產生創造和想像。

我們平時在不知不覺中進行的「分類」，有時有「軸」，有時無「軸」。如果只是單純地把類似的東西整合起來，儘管也算是分類，但卻沒有「軸」。有「軸」的分類與無「軸」的分類差異在於，前者不存在「遺漏」和「重複」，可以保證網羅所有事象（圖4－12）。

具有一定的「軸」所進行的分類是「不存在遺漏和重複」的分類，稱為MECE（Mutually Exclusive Collectively Exhaustive，彼此獨立，互無遺漏）分類。

前面的「便利商店的練習題」，大致上表現出兩種「軸」的例子。一種是「尺寸」「價格」等數量軸形式的「衡量」的「坐標軸」。正如便利商店的例題所示，只要在這個軸上思考，就能發現思維的盲點。

從例題可以得知，另一種產生「軸」的方式是「可見的東西」⇕「不可見的東西」與「現存的東西」⇕「非現存的東西」這些「對立軸」的思維。

在「尺寸」「價格」等坐標軸上思考，和在「對立軸」上思考，可說是兩種主要的模式。「軸」必須有「兩極」。數量軸的兩極是「負無限大」和「正無限大」，對立軸的兩極是兩個互相對立的相反詞。

使用這樣的「軸」跨越障礙，就能從新視角看待事物，在增加視角的同時，還能尋找一個視角中的思維偏差和盲點。

●三種思考的「軸」

接下來，為大家整理出具體的「軸」有哪些。

圖4-13　思考的「軸」的分類

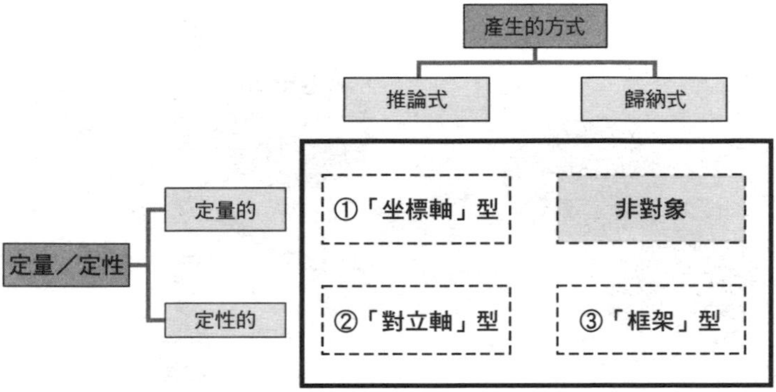

作為思考的方向性或視角的「軸」，大致的分類如圖4-13所示。

第一種是作為大的視角，視基準是定量的還是定性的。所謂定量的，是指能純粹用數字表現的「軸」，例如尺寸、重量或價格。這與數學中的「坐標」完全一樣，可當成一個變數處理。

第二種領域是定性的，其形象是透過定性地抽取對立概念，然後在它們之間架起「軸」。舉些簡單的例子，比如「左與右」「保守與創新」「既有和新創」等。

PART3所論述過的「二分法」的意義就在這裡。用來產生「對立軸」的思維方式是「二分法」，如果思考一下「架起坐標」的形象，想必大家能夠再次認識到，它跟「二選

圖4-14　「無多樣性的狀態」與「有多樣性的狀態」的比較

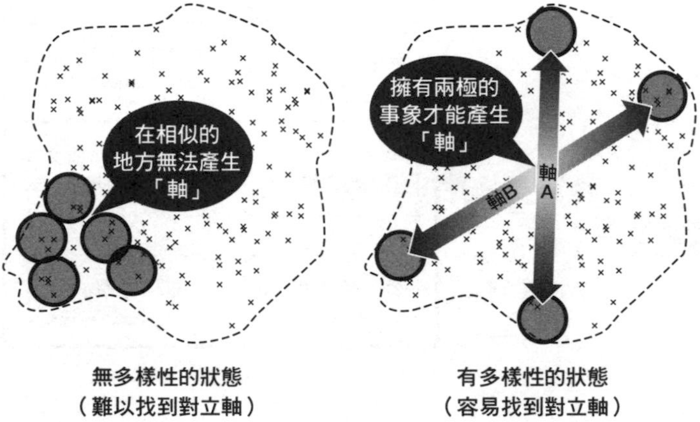

一」是完全不同的。

此外，從「軸」的產生方式來說，有透過自上而下的推論方式產生，也有透過基於經驗法則的歸納方式產生。透過經驗法則以歸納方式產生的「軸」，通常稱為「框架」。例如市場行銷世界裡的4P（Product產品、Price價格、Place通路、Promotion促銷）、製造業等領域使用的QCD（Quality品質、Cost成本、Delivery交期）等，都是將各業種內根據經驗所使用的分類，進行體系上的定義。

這跟上述的「軸」並不完全相同，但由於定義了客觀視角，所以獲得廣泛使用。因此從嚴格的意義來說，這一領域的「軸」並不是前文所述的ＭＥＣＥ。

●「多樣性」之所以重要的理由

如果想要升至上位概念，找到與觀察事象（下位概念）相關的「軸」，那麼觀察的事象必須具備多樣性。這是因為，尋找「軸」需要「兩個極端」。因此，只有「相距遙遠的事象」才會出現「軸」（圖4－14的右側）。

反之，在類似的事象、相距較近的事象之間難以找到對立軸，所以很難使創意得到擴充。多樣化的重要性愈來愈受到重視，從多樣性這塊「領地」既可以內推，也可以外擴，使思維的幅度得以拓展，進而發現自身視角的盲點。

4.4 透過「Why（上位目的）」升維

透過升維跨越障礙的第三種思維是「Why（上位目的）」。

實際上，所謂「5W1（2）H」的疑問詞，就含有上位和下位的結構。其中，唯一能升至上位概念的疑問詞是「Why？（為什麼？）」。只有「Why？」才能使用上位概念，成為「改變擂台」的契機。

疑問詞Why非常方便，能夠同時表現「時間序的兩種關係性」，朝向「未來」表示目的，朝向「過去」則成為「原因」。無論如何，從「表現關係性」這一點而言，它與其他疑問詞有著決定性的不同，可以說是發現問題所必需的提問。

本節將透過Why與「上位概念」的關聯來闡述Why的用法。

圖4-15　透過「Why（上位目的）」升至上位概念

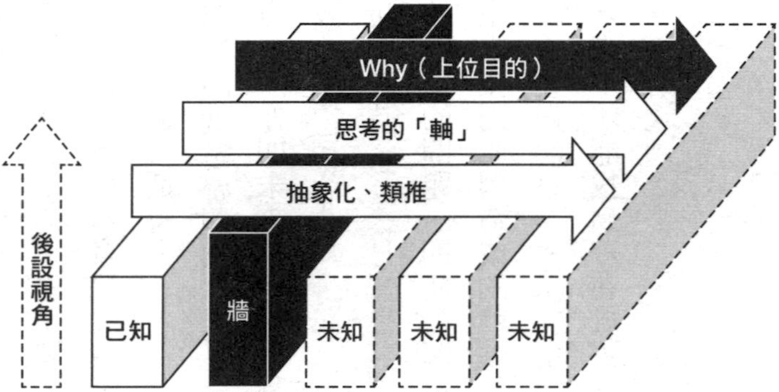

● 目的與手段、原因與結果是同一件事

手段與目的的關係是下位概念和上位概念的一個例子。不管是商業活動還是日常生活，我們每天的行為幾乎都有目的。手段是具體的，顯而易見，容易轉化成行為，但若僅以手段為思考的對象，那則只會停留在表層。

思考上位目的的程度愈高，每個行為就愈有深度，同時透過思考每個行為與上位目的的關聯機制，就能學會如何充分地、有效率地使用時間。以公司而言，就是各種規則與其目的、資訊系統與其目的、組織與其目的的關係；在日常生活中，就是每個行為與「之後」的目的的關係。

總是被轉化成實際行為的是具體的「手段」或動作，但從長遠的眼光來看，是否有同時地意識到目的，結果將有很大不同。解決問題時，比起只顧及手段這個下位概念，也就是手段本身變成目的的話，那麼意識到更大的目的而做出的行為，效果會更大，更值得期待。

所謂目的就是疑問詞「為什麼？」，也就是英語的Ｗｈｙ。這個「為什麼？」有兩種方向，亦即未來（目的）和過去（原因）。換句話說，「目的」和「原因」透過「為什麼」或「Ｗｈｙ」這個上位概念而統一在一起。

解決問題時，「像打地鼠遊戲那樣」使用有什麼症狀就解決什麼症狀的方式，打破浮於表面的問題，即使能解決個別的問題，但只要沒有摧毀真正的原因，就一定會發生由相同原因造成的麻煩，所以這種做法並不理想。

此時需要做的是一而再，再而三地不斷問自己，「為什麼會發生這樣的問題？」如此一來，才能找到存在於更「上游」的真正根本原因。

●「為什麼？」是向上位概念回溯的唯一關鍵字

工廠謀求改善時，人們常說要「重複說五遍（三遍）為什麼」。這句話說明了，可以將「為什麼」當作用來解決商務現場問題的方法。重複說為什麼是將屬於上位概念的「為什麼？」提升一級，甚至是提升至上位的上位，乃至更上位。以這種形式向上位升得愈高，愈有助於解決根本的本質問題。

之前已經說過，上位、下位的概念是相對的。從上述的內容中可以得知，上位、下位的概念就像「上位的上位」（或是下位的下位）這樣，具有多重結構。

我們在日常生活中會遇到的疑問分為數種，簡單來說，英語中常用的5W1H幾乎包括了所有的疑問類型。

Why（為什麼？）
What（什麼？）
Where（哪裡？）
Who（誰？）
When（什麼時候？）

圖4-16　疑問詞的維度和結構

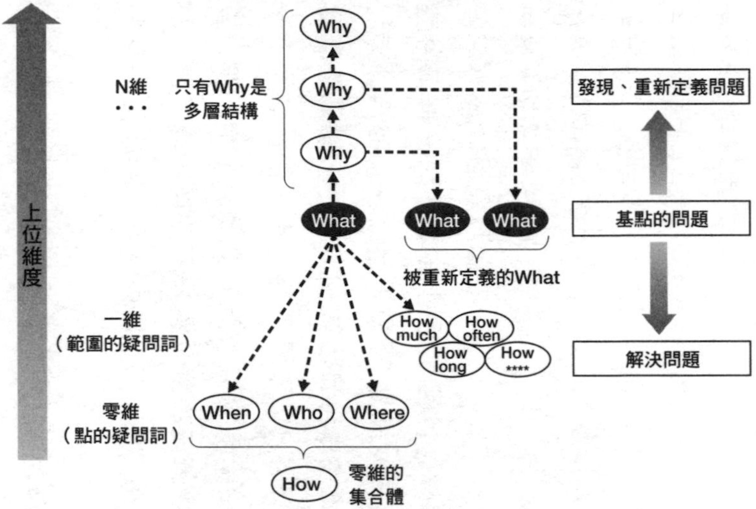

How（怎樣做？）

（How的衍生還有）How much, How long, How many, How often等。

透過本書所說的上位概念、下位概念而分析出的5W1H結構，如圖4-16所示。

大致根據三個概念，將這些「疑問詞」分類。首先將基點的「問題」定義為What，這個What存在著兩個大方向，也就是「升至上位概念」和「具體化至下位概念」的方向。

不用多說，唯一一個能升至上位概念的疑問詞是Why。Why的特殊性是因為它是「朝向上位」的疑問詞。「想要解決本來的目的，但其實正在解決的問題本身已經不對了」，只有Why能夠以這樣的形式來定義問題。

其他疑問詞都是從「已有問題」的角度出發，然後思考「如何具體化」，是用於解決問題的疑問詞。也就是說，只有Why是用於發現問題的疑問詞，其他都是用於解決問題的疑問詞。

●「How型疑問詞」的「維度」

關於疑問詞，我們接下來再根據PART2的內容，進一步思考各疑問詞的維度。圖4-16下方的When（什麼時候）、Who（誰）、Where（哪裡）等疑問詞表現出來的，全都是「點」的資訊，根據先前的定義，也就是零維的資訊。How多是「什麼時候、在哪裡、誰」等其他疑問詞的集合體，也可稱為「零維的集合體」。

接下來的How much, How long, How often等How……型疑問詞，因……而有所不同，How……是量度的前置詞，表示某個「量度」的「程度」，根據先前的定義，就是「一維」的前置詞。

如上，零維和一維的疑問詞大致歸納起來，可概括為「How型疑問詞」，其中的任何一個都可說是用於具體化的疑問詞。

●只有「為什麼？」能「重複五遍」

到此為止，我們知道，「Why（為什麼？）」這個上位概念的疑問詞，比其他疑問詞有著更特殊的意義。從上游到下游這個解決問題的流程，也就是從意識到問題開始，到發現、定義、解決問題的過程，這個過程正是由上游的上位概念流向下游的下位概念。而第一步，為了透過發現問題而升至上位概念的過程，就是「為什麼？」這個疑問詞所代表的意義。

也就是說，為了發現問題而向上游回溯時，最重要的疑問詞是Why，愈是流向下游，How的內容就會變得愈多。這就是造成「Why的蟋蟀與How（much）的螞蟻」不同的原因。

除此之外，Why還有其他特殊性。拿Why與「點的資訊」的零維疑問詞比較，或是與表示「程度」的一維疑問詞比較時，也可以將Why視為「關係性」的疑問詞。如前文所述，Why是通用性很高，非常方便使用的疑問詞，朝向過去就變成「原因」，朝向未來就變成「目的」。

不管怎樣，像「原因與結果」「目的與手段」那樣，疑問詞Why所表示的並非單發性事象，而是事象間的關係性。在這一點上，Why與其他疑問詞有著決定性的區別。總之，Why是用來「畫（關係性這一條）線」的疑問詞。

由此想來，就能明白為何只有「為什麼？」能「重複三遍」「重複五遍」了（「什麼時候」「在哪裡」「誰」是不會重複三遍的……除非沒聽清楚）。因為只有「為什麼？」是相對的「關係性」疑問詞，所以才能探究「更進一步的未知」，繼而多次重複。

而且透過重複，能進一步向「上位概念」提升，所以透過重複說為什麼，就能逼近本質，重新定義更好的問題，進而發現真正應該解決的新問題。

圖4-17　透過上位目的跨越壁障

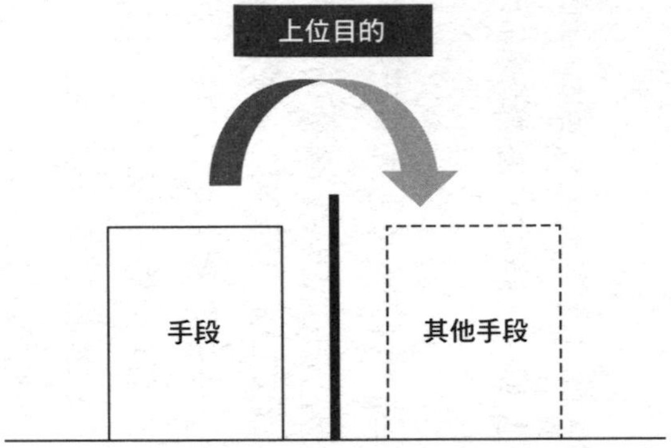

●以上位目的思考的Why型思維

接下來，我們著眼於作為上位概念的目的和原因，針對「透過Why型跨越障礙」的思考法做更具體的分析。首先，這個思考法的示意圖如圖4-17所示。

這裡把作為「手段—目的關係」的Why表現出來。不光在手段的層面上思考，還顧及手段的上位目的，藉此「跨越障礙」將思維擴展到其他手段。

此外，思考「Why的Why」「Why的Why」等上位的上位的目的，更能逼近本質的課題，手段的範圍也會得到極大的擴展。

例如在商界，改變現在已經是常識的「業

種」，也就是改變同行業團體的畫線進行思考，就是透過Why跨越障礙的例子。

各種行業已經暗中定義了「競爭的範圍」。把行業的牆視為「常識」的缺點是，拚命假設牆內的競爭，即使贏了，也可能會被牆外的敵人統統奪走。關於這一點，下面來看一個較為具體的例題。

【問題】站前「老咖啡店」的競爭對手是誰？

看到這個練習題，最先開始啟動的思路恐怕跟「便利商店的練習題」時一樣，先從「現有的、一目了然的競爭對手」開始切入。當然，「最近的」競爭對手是完全一樣的同行「老咖啡店」。

其次容易想到的是不同於「老店」的，屬於新風格的咖啡店，比如星巴克、TULLY'S COFFEE之類的連鎖店。如果想得再「遠一點」，麥當勞等速食店最近也可當作廣義的「咖啡店」。

簡單來說，就是把咖啡店設定在「能在店裡喝咖啡的場所」這個形態特徵上（也就是只有在手段這個具體層面上思考）。

圖4-18　透過Why使思維跨越壁障

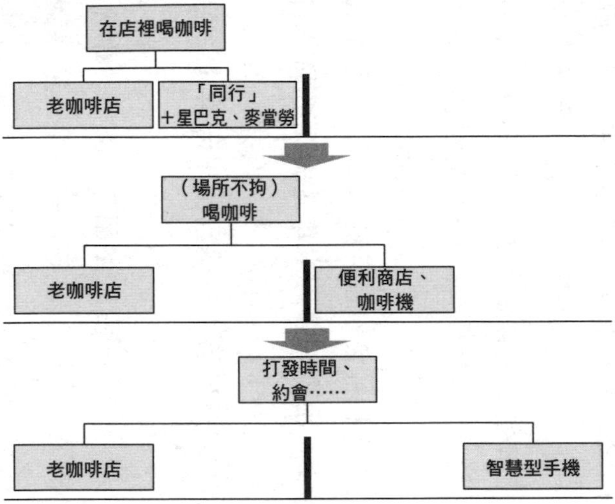

接下來，我們再透過思考Why的視角，來分析顧客的目的。

簡單來說，只要能滿足「喝咖啡」這個目的，場所在哪裡都可以。如此一來，便利商店、自動販賣機，或是方便「在家喝」的咖啡機、即溶咖啡等，都可以假定為「競爭對手」。

而且，從「顧客的真正目的是什麼？」這個觀點來思考，走進咖啡店的人，究竟有多少人是「為了喝咖啡」而來？這樣一想，「在老咖啡店喝咖啡」反而可能是手段。

・打發等車的時間。
・閱讀報紙或雜誌。

・跟別人碰面。
・談公事。
・閒聊。

這些才是真正的目的。如此一來，「競爭」的範圍便會進一步擴大。

・候車室（等車）。
・網路（報紙或雜誌）。
・行動電話（約會、碰面）。
・社群網站（閒聊）。

這些也完全可以視為「競爭對手」。

這樣一來就會發現，對老咖啡店來說，能代替以上所有一切的「智慧型手機」就是「無形中的強大競爭對手」。

像這樣掌握顧客的真正目的或需求，而不是僅僅停留在手段的層面，就可以想出更加豐富多樣，用來達成真正目的的手段。透過思考Ｗｈｙ，就能夠跨越「業種」這個障礙，想到以前想都沒想過的「競爭對手」（圖4－18）。

●透過Ｗｈｙ型思維「改變擂台」

像這樣，Ｗｈｙ型思維為我們提供了重新畫線時的重要視角。在「手段」層面上思考的範疇，如果是透過「目的」這個上位概念來思考，就會出現完全不同的畫線，也就是能夠「改變擂台」。「改變遊戲規則」的思維也是一樣的。

改變擂台的最佳優點之一是讓我們可以去思考，「不必執行該手段（包括代替手段在內）也能達到目的」的方法。

如果從「為了滿足相同目的」的觀點來看，Ｗｈｙ型思維就可能讓人產生全新視角的想法，例如可能讓人產生，消除產品分類，在其他範疇一決勝負，或是行業本身消失不見的想法。

4.5 如何活用「後設思考法」

前面介紹了三種在升維後利用上位概念思考的「後設思考法」。作為PART4的總結，下面來談談活用這些思考法時的注意事項。

● 適合上游工作的後設思考法

前文所闡述，使用「上位概念」的思考法，應該在PART2所述的發現問題與解決問題這個對立結構中的上游部分活用。也就是在上游這一段不確定性高的地方，活用於確定整體概念以及固定變數的工作中。

反之，在基本概念已經具體化並轉為執行解決問題的下游部分時，需要聚焦於現實且具體事象的思維。到了這個階段，隨意地講上位概念只會引起反效果。

●上位概念的工作不可能「分擔」

例如，作為「上位概念」代表的抽象概念，其抽象度愈高，就愈難多人分工合作。比方說商品或事業的「概念（Concept）」，抽象度就很高。

所謂的概念就是以淺顯易懂的方式說明，對象物「簡單來說到底是什麼」的一種說明文，需要有高度抽象的形容。因此，概念不應該是很多人湊在一起想出來的，而應該是少數人，最好是一個人思考出來的。

相反的，到了將概念具體化的階段時，關於具體實現方法的個別創意，則可以像群眾外包（Crowdsourcing）那樣由多數人參與。

像「概念」這樣高度抽象的智慧概念，在產生時不可能有多個意見的折衷方案。

此外，還可以舉建築物為例。以建築物的設計來說，「整體概念」也是在高度抽象的腦力激盪下產生的產物，基本上都是出自於一位建築師的構思。而且，建築設計需要具備純粹性和「美感」，這些也是高度抽象事物的特徵。

數學理論也是高度抽象的，同樣須具備「美感和純粹性」。

反之，高度具體的下位概念則必須具備「多樣性和數量」。根據一定概念設計的建築物到了具體施工階段，就有可能多人分工合作。

進入設備、裝潢、家具等個別領域，就如「術業有專攻」這句話，肯定要將各領域專家的創意全部匯集起來，才能做出高品質的成果。

如上所述，像群眾外包那樣的集體智慧，適合的是下位概念的創意抽取，這一點必須留意。

「想不出創意」的時候，就算把從事高度抽象智力工作的人，毫無秩序地聚集起來腦力激盪，也不會有什麼效果。概念這種東西，做決策的相關人員愈多，就愈容易像植物嫁接一樣，形成不倫不類的折衷方案，最終只會造出平凡無奇的東西。

上位和下位的差距大小將影響解決問題的品質

解決問題的品質由上位概念和下位概念的「層級差」決定。這就像「抽象與具體」的關係一樣。從徹底具體且現實的事實開始，將其抽象化為上位概念，洞察本質，「重新畫線」後再次具體化至可執行的層級，這種「上下運動」能使解決問題變得更有效率。

關於「思考」和「行動」也是一樣，不管少了哪個，都無法有效解決問題。

透過前面的解說，我們能夠導出世人所說的「頭腦頑固」「頭腦靈活」等若干寫照。所謂頭腦的靈活度，就是思考「怎樣才能升至上位概念」。也就是說，首先在於能否懷疑常識，拆除「常識之牆」，在全新的狀態下思考；能把變數增多到何種程度；能把維度升至什麼境界。

以「原因」或「目的」的「為什麼？」為例，能否不止一次地多次問「為什麼」，是頭腦靈活的關鍵所在。再比如，「既定」思考到達何種程度，是頭腦頑固到什麼程度的另一個寫照。在頭腦頑固的狀態下，會認為身邊的規章和框架是「既定」的，這就是「常識之牆」。

數學中將「不能再懷疑」的前提條件稱為定理，關鍵就在於能把它破壞到什麼程度。以公司而言，對組織、規則能有多大程度的懷疑，與頭腦的靈活度密切相關。

上位和下位是相對的關係

前面所講的「上位」「下位」完全是相對的，但並不是絕對的。例如，想想手段和目的的關係，很容易就可以了解。作為某手段的上位層目的，可能是其他目的的手段，甚至能升至更上面的若干層級，成為目的的目的、目的的目的的目的……

圖4-19　上位概念和下位概念是「單向鏡」的關係

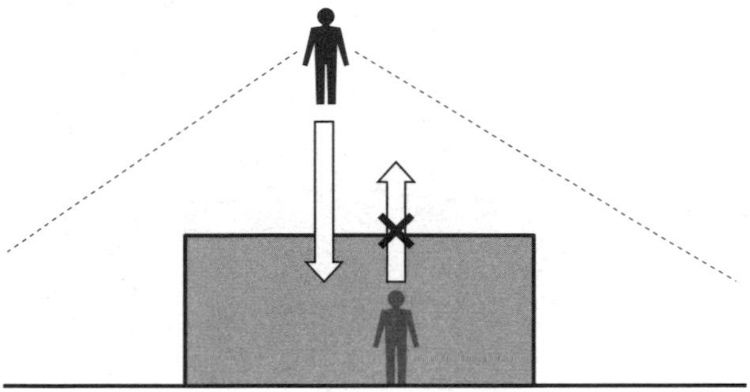

換個角度來看，上位、下位是建立在多層結構之上的。不是「單純的雙層公寓」，而是像高樓建築一樣，存在許多樓層。

上位概念的天花板是單向通行的「單向鏡」

以上位概念思考，能夠激發出高度的想像和創造，解決問題也能達到觸及本質的深度，但以上位概念思考的難度很高。

前面在抽象化一項中已經提過，一旦達到那個「高度」，就再也回不去了。身處下位的時候，是無法理解在上位思考的狀態的。也就是說，是「從上能看見下，但從下看不見上」的關係（圖4-19）。

從高維和低維的關係來看也一樣。在「身處三維世界的蟋蟀」眼中，「身處二維世界的螞蟻」簡直會讓人急到不行，對螞蟻來說，根本無法想像蟋蟀的世界。

也就是說，「上位概念」從下方看，好似有一道天花板阻隔。也可將這個天花板理解為前文所述的「已知世界的牆」。

上位概念的天花板像單向鏡一樣，是單向透光的。這也可說是知識與未知的非對稱性所造成的結果。

後記

「知的不可逆性」決定了問題的發現與解決

本書從杜拉克的言論出發，闡述了以「無知、未知」為起點的發現問題方法論。

在智慧的世界中，受重視的向來是「知識」「專家」「存量」「封閉體系」「固定維度」這些用來高效率地解決問題的關鍵字，而這些關鍵字在發現問題的世界裡，統統是引起負面作用的。關於這點，想必大家都已經明白了。

像這種「解決問題的困境」，應該怎樣解決呢？

能根據場合巧妙地區分使用「螞蟻的思維」和「蟋蟀的思維」，有如「超人」般的人當然也有，但那只是極少部分的人。世界上大多數的人受限於能力及「立場」，只能扮演「螞蟻」或「蟋蟀」中的一個角色。因此從結構上來說，實在不可能同時扮演這兩種角色。

重要的關鍵字還是「後設視角」。蘇格拉底想傳達的主要觀點，可說正是這個「後設視角」。

此外，正如本書後半部分說明的，「後設視角」是思考的原點，尤其對於發現問題而言，「後設視角」可說是最最基本的思維方式。所謂的「後設」，就是「察覺」。任何事情走到最後，都會抵達簡單的本質。本書也在最後探究了「察覺」的機制。

關於在PART1中闡述，杜拉克和蘇格拉底所說的「兩種無知」，以下再來重新思考一下。杜拉克所提倡的「無知」，是將人類有意識或無意識持有的知識，主要是解釋層級的知識重新歸零，以「外行的視角」來看待事物；而蘇格拉底所提倡的「無知之知」，是「從上方俯瞰」自己的無知本身，也就是強調了「後設視角」的重要性。

想一想就能了解，本書所闡述的這些「兩種無知的活用法」，對於發現問題而言，其實本質上說的是相同一件事。

之所以有必要「將知識歸零」，那是因為掌握的知識一旦定型，就會成為偏見而引起反作用。這種「偏見」的代表例是以自我為中心的事物觀，這既可以稱為「自我偏見」，也可以稱為在自己與他人之間「畫線思考」的「自我封閉體系」。

首先，會去察覺這一點的便是「後設視角」，亦即是「無知之知」。也就是說，這

「兩者」隨時都一起出現才能發揮作用。

由此可見，無知之所以對發現問題具有很大的作用，原因正在於ＰＡＲＴ２所闡述的「解決問題的困境」。在結構上，知有著伴隨時間流逝的不可逆性的困境，因此不可能「後退」，只有透過「歸零」，才能解除這個困境。

不僅限於智慧領域，整個世界都被「不可逆性」支配著。人的一生也好，組織的榮枯盛衰也好，以及社會、國家，都被伴隨時間流逝的不可逆性支配著。不可逆過程一旦開始，就無法使之後退，但會出現下一個不可逆過程，使這個流程永無止盡地不斷循環。就像人的一生結束後，還會誕生新生命，使人類的進步和發展得以延續下去。

這個流程在智慧領域裡也一樣。自古相傳的「盛極必衰」「川流之水滔滔不絕，且非原本之水」等不可逆變化，支配著整個世界。

「將無知結構化」，本來就是自相矛盾的。因為在完成結構化的一瞬間，無知便已不再是無知，而且無知的邊界會擴至遙遠的遠方。即使這樣，還要嘗試如此不智的挑戰，那是因為人們把這裡視為一切思考的原點。

同樣地，「察覺」是人們在日常生活中經常於無意間使用的詞彙，但它其實也是一個內涵極其深遠的概念，因為這個詞與「無知」是表裡一致的關係。所謂發現問題，就是「回溯至上游」，這是本書的關鍵訊息之一，而其中相當於「最上游」的就是「察覺」。

仔細想來，「起疑心」「持反抗心理」「懷有好奇心」等思考事物時所必要的心態，也是全部建立在源自「後設思考」的「察覺」這個基礎之上。就這一點而言，在彙整思考的「第零步」，也就是歸納「察覺」的相關「方法論」，是很有意義的一項挑戰，不過也不禁讓人覺得，「為何至今這個方法論尚未被明確釐清？」

仔細想想，人類是以「從父母到子女這種世代交替形式」，自然而然地讓無知重新歸零。嬰兒出生時不具備任何知識，所有人都不得不花費大量時間，從零開始學習加減乘除，這難道不就是人類巧妙地將神所賦予的知，重新歸零的一種機制嗎？

「無知」名言錄

這裡舉出一些，和「無知」有關的金句名言供大家參考。知識當然重要，但知識有時候也會產生有害的作用，這也是本書一再強調的地方。但是，理所當然地被認為是不好的無知（之知），其實非常重要，從古至今有那麼多名人都在強調無知，就可以了解到無知有多重要。

【無知之知】

知道得愈多，就愈知道自己有多無知。
——亞里斯多德

知之為知之，不知為不知，是知也。
——孔子《論語》

誠實承認自己的無知相當重要。
只要能承認自己無知，就會出現熱心教導你的人。
——華特·迪士尼

知識的終結不是因為無知，而是昧於無知。
——數學家、哲學者：懷德海

現在的無知、將來的無知都能原諒，
但不知道自己有多無知就不能原諒。

——美國歷史學家：史列辛格

這個世界的問題在於聰明人總是充滿疑惑，沒有自信，但傻子們卻總是堅信不疑，充滿自信。

——英國哲學家、數學家：羅素

弱者有一個武器，那就是堅信自己很強的這個錯誤想法。

——法國政治家：喬治．皮杜爾

知者不言，言者不知。

——老子

【教育與無知】

教育自己要先從承認自己的無知開始。

——美國作家：史蒂夫．柯維

教育就在於了解到，自己過去沒有察覺到的無知。
——美國作家、歷史學家：丹尼爾．布爾斯汀

發現無知的自己就等於邁向知的一大步。
——英國政治家、小說家：班傑明．迪斯雷利

學習就是慢慢發現自己的無知。
——美國作家、歷史學家：威爾．杜蘭

教育並不在於學習了多少東西，也不在於知道了多少事情。
而是在於能夠分辨已知和未知的區別。
——法國詩人、小說家、評論家：安那托爾．佛朗士

【知識的弊病與無知的重要性】

我身為諮詢顧問的最大強項在於無知，而且能夠自己問一些問題。
——杜拉克

我們不會因為無知而迷路，而是認為自己知道才會迷路。

——盧梭

阻礙發現的最大障礙並非無知，而是誤認為自己知道。

——美國作家、歷史學家：丹尼爾·布爾斯汀

常識很重要，但是要創造出新事物的話，從常識中跳脫出來則更為重要。

——松下幸之助

想要用人的話，自己就不能太博學多聞。

——山下汽船創始人：山下龜三郎

知識常常會讓自己過時，就結果來說就是今天的先進概念會變成明日的無知。

——杜拉克

面對工作的考驗時，有很多時候都必須回歸到自己的無知。

英國軍官——威廉·康沃利斯

天才或預言家，大都在專業知識上沒有什麼特別突出的地方，
那麼為何他們會具有創新想法，很多時候就是因為他們不具備什麼專業知識。
——約瑟夫．熊彼得

我們必須小心錯誤的知識，錯誤的知識比無知更危險。
——蕭伯納

雖然需要在學校中傳遞知識，但傳遞的知識只是過去的知識。真正必須知道的是未來。
——本田汽車創辦人：本田宗一郎

【奇異點】

自己想出來的點子，如果沒有至少讓一個人笑出來，
那麼那個點子就無法稱之為創新的想法。
——比爾．蓋茲

【擴大無知的邊界】

學得愈多就愈覺得自己有多無知。
愈覺得自己無知就愈想要學得更多。
——愛因斯坦

愈是深入研究，愈能發現到必須知道的事。
只要人類的生命不斷延續，這種情況就會一直發生吧。
——愛因斯坦

知道並沒有什麼了不起，想像才是一切。
——法國詩人、小說家、評論家：安那托爾・佛朗士

參考資料、引用文獻

【關於無知・未知、知識】

Robert N. Proctor & Londa Schiebinger; “Agnotology: The Making and Unmaking of Ignorance”, Stanford University Press, 2008

Nicholas Rescher; “Ignorance: On the Wider Implications of Deficient Knowledge”, University of Pittsburgh Press, 2009

Stuart Firestein; “Ignorance; How It Drives Science”, Oxford University press, 2012

David Gray; “Wanted: Chief Ignorance Officer”, Harvard Business Review, November 2003

Matthias Gross; “Ignorance and Surprise”, The MIT Press, 2010

Barnaby J. Feder, “Peter F. Drucker, a Pioneer in Social and Management Theory, Is Dead at 95” The New York Times, November 12, 2005, Correction: Nov. 19, 2005

ピーター・F・ドラッカー『ドラッカー名著集8 ポスト資本主義社会』ダイヤモンド社、2007年

ピーター・F・ドラッカー『ドラッカー名著集13 マネジメント〔上〕—課題、責任、実践』ダイヤモンド社、2008年

ピーター・F・ドラッカー『ドラッカー名著集14 マネジメント〔中〕—課題、責任、実践』ダイヤモンド社、2008年

ピーター・F・ドラッカー『ドラッカー名著集15 マネジメント〔下〕—課題、責任、実践』ダイヤモンド社、2008年

田中美知太郎『ソクラテス』岩波新書、1957年
プラトン『ソクラテスの弁明・クリトン』岩波文庫、1964年
立花隆『「知」のソフトウェア』講談社現代新書、1984年
Donald Rumsfeld; "Known and Unknown: A Memoir", Sentinel, 2011
直江清隆・越智貢編『知るとは』岩波書店、2012年
戸田山和久『知識の哲学』産業図書、2002年
ロデリック・ミルトン・チザム『知識の理論』世界思想社、2003年
Cynthia Barton Rabe; "The Innovation Killer", AMACOM, 2006
修学堂編『官立諸学校入学試験問題　明治41年度』修学堂、1908年
外山滋比古『思考力』さくら舎、2013年
ウィリアム・A・コーン『ドラッカー先生の授業』武田ランダムハウスジャパン、2008年
『Think!』東洋経済新報社、2011年冬号
「イグノランスマネジメント：クリエイティビティを生む『無知の知』思考法」

【關於維度】

田尾鶉三『次元とはなにか』講談社ブルーバックス、1979年
『次元とは何か』ニュートン別冊、2012年4月
矢沢潔、新海裕美子、ハインツ・ホライス『次元とはなにか』サイエンス・アイ新書、2011年
根上生也『四次元が見えるようになる本』日本評論社、2012年
小笠英志『4次元以上の空間が見える』ベレ出版、2006年

都筑卓司『新装版　四次元の世界』講談社ブルーバックス、2002年
Edwin A. Abbott, "Flatland", Dover Publications, 1992（『フラットランド：多次元の冒険』日経BP社、2009年）
A・K・デュードニー『プラニバース：二次元生物との遭遇』工作舎、1989年
イアン・スチュアート『2次元より平らな世界』早川書房、2003年

【關於螞蟻和蟋蟀】

イソップ、平田昭吾『ありときりぎりす（よい子とママのアニメ絵本3 イソップものがたり3）』ブティック社、1991年
星新一『未来いそっぷ』（新潮文庫）1982年
Gian-Carlo Rota, "Indiscrete Thoughts" Birkhauser Boston, 1996
グレゴリー・チャイティン『ダーウィンを数　で証明する』早川書房、2014年
司馬遼太郎『新装版　歳月（上）』講談社文庫、2005年
『Think!』東洋経済新報社、2014年夏
「『特異点』から将来を予測する：イノベーションのための「2つの視点」』

【關於思考力】

遠山啓『基礎からわかる数学入門』ソフトバンククリエイティブ、2013年
John H. Vanston with Carrie Vanstob "Minitrends", Technology Futures, Inc., 2011
細谷功『地頭力を鍛える』東洋経済新報社、2007年

細谷功『「Why型思考」が仕事を変える』ＰＨＰビジネス新書、2010年
細谷功『アナロジー思考』東洋経済新報社、2011年
細谷功『具体と抽象』dZERO／インプレス、2014年
『Think!』東洋経済新報社、2012年秋
「ビジネスを『モデル化』する技術：抽象化とアナロジーで考える」

發現問題思考法（二版）

突破已知框架，打開未知領域，升級你的思考維度

問題解決のジレンマ：イグノランスマネジメント：無知の力

作　　者　細谷功
譯　　者　程亮
責任編輯　王辰元
協力編輯　陳曉峯
封面設計　萬勝安
內頁排版　藍天圖物宣字社

發 行 人　蘇拾平
總 編 輯　蘇拾平
副總編輯　王辰元
資深主編　夏于翔
主　　編　李明瑾
業　　務　王綬晨、邱紹溢
行　　銷　廖倚萱

出　　版　日出出版
台北市105松山區復興北路333號11樓之4
電話：（02）2718-2001　傳真：（02）2718-1258
發　　行　大雁文化事業股份有限公司
台北市105松山區復興北路333號11樓之4
24小時傳真服務（02）2718-1258
Email：andbooks@andbooks.com.tw
劃撥帳號：19983379　戶名：大雁文化事業股份有限公司

二版一刷　2023年10月
定　　價　450元
I S B N　978-626-7382-04-2
I S B N　978-626-7382-00-4（EPUB）

國家圖書館出版品預行編目(CIP)資料

發現問題思考法：突破已知框架，打開未知領域，升級你的思考維度 / 細谷功著；程亮譯. – 二版. – 臺北市：日出出版：大雁文化發行, 2023.10
面；　公分

ISBN 978-626-7382-04-2 (平裝)

1.企業管理 2.管理理論3.思考

494.1　　112015236